新时代新农村建设书系·劳动经济技能培训系列

我跟绿化师傅学手艺丛书

初级花卉工

Chuji Huahuigong

重庆市园林绿化职业教育培训中心 /主编

朱 钧 /编写

重庆出版集团 重庆出版社

图书在版编目(CIP)数据

初级花卉工/重庆市园林绿化职业教育培训中心主编;朱钧编写.—重庆:重庆出版社,2007.6
(新时代新农村建设书系.我跟绿化师傅学手艺丛书)
ISBN 978-7-5366-8732-5

Ⅰ.初… Ⅱ.①重… ②朱… Ⅲ.花卉—观赏园艺 Ⅳ.S68

中国版本图书馆CIP数据核字(2007)第054846号

初级花卉工
CHUJI HUAHUIGONG
重庆市园林绿化职业教育培训中心 主编
朱 钧 编写

出 版 人:罗小卫
责任编辑:叶麟伟 特约编辑:杨 莹
责任校对:何建云
装帧设计:蒋忠智

重庆出版集团
重庆出版社 **出版**
重庆长江二路205号 邮政编码:400016 http://www.cqph.com
重庆出版集团艺术设计有限公司制版
重庆市开源印务有限公司印刷
重庆出版集团图书发行有限公司发行
E-MAIL:fxchu@cqph.com 邮购电话:023-68809452
全国新华书店经销

开本:850 mm×1 168 mm 1/32 印张:3.5 字数:94千字
2007年6月第1版 2011年6月第4次印刷
ISBN 978-7-5366-8732-5
定价:5.00元

如有印装质量问题,请向本集团图书发行有限公司调换:023-68706683

内容提要

本书为《我跟绿化师傅学手艺》丛书中的一个分册。它以初级花卉工实际工作需要为出发点，从强化培养操作技能、掌握实用技能的角度，简明扼要地介绍了当前最新花卉工实用知识和操作技术。内容涉及花卉生长与环境影响、花卉的繁殖、花卉的栽培管理、花卉的栽培设施、常见花卉的识别和常见花卉病虫害及其防治，以及花卉的应用知识等。书中配有大量的图例，对内容进行了直观的反映。本书对园林绿化从业人员提高业务素质、对园艺爱好者学习和掌握有关花卉知识有直接的帮助作用。

《新时代新农村建设书系》
总编辑委员会

总　序

党的十六大以来,党中央提出了科学发展观、构建社会主义和谐社会两大战略思想，这是指引我们在新世纪新阶段继续推进改革开放、积极推动经济发展和社会全面进步、建设中国特色社会主义现代化事业的总方针。党的十六届五中全会提出了推进社会主义新农村建设的重大历史任务,这是贯彻落实两大战略思想的体现。从国家当前面临的经济社会形势全局看,我国的经济建设,工业化、城市化发展已经取得了举世为之瞩目的巨大成就,相形之下,我国的农业还比较脆弱,农村还比较落后,农民还比较贫苦,所以在“十一五”及今后一个相当长的时期内解决好“三农”问题,仍然是我们工作的重中之重。好在经过多年的努力,我们现在已经创造了解决好“三农”问题的条件。胡锦涛同志指出:现在“总体上已经到了以工促农,以城带乡的发展阶段,我们顺应这个趋势,更加自觉地调整国民收入分配格局,更加积极地支持‘三农’发展”。胡锦涛同志的这个判断是完全正确的,提出的方针也是完全正确的。近几年,各级党和政府以及相关部门执行了这个方针,采取了多项支农、惠农政策,增加了对“三农”的投入,减免了农业税,给粮食直接补贴,大力发展农村的教育、科技、医疗卫生等社会事业,建立农村最低生活保障制度,等等,已经取得了立竿见影的成效。最近三年,是建国以来,农业、农村发展形势最好,农民得到实惠最多的时期之一。但是,我们也应该看到,我国的农业和农村结构已经进入了要进行战略性调整的重要阶段,面对农村经济社会正在发生的急剧深刻的变化，农业、农村发展面临着种种矛盾和挑战，要解决的问题千头万绪，需要党和政府的各级干部，各行各业的同志们，以及各界人士都来关注“三农”、研究“三农”、支持“三农”，为解决好“三农”问题出谋划策、贡献力量，把社会主义新农村建设好，这既是9亿农民的殷切期盼，也是21世纪中国在世界崛起的最重要的基础和力量源泉。

重庆出版社的领导和同志们，正是认识到党中央提出推进社会主义新农村建设战略的重要意义，心系“三农”，经过酝酿，决定策划组织出版一套《新时代新农村建设书系》，为推进社会主义新农村建设，为广大农村干部和农民提供丰富的精神粮食和强大的智力支持，我认为这是一件很有意义、很值得支持的好事。

《新时代新农村建设书系》按照中央提出的“生产发展、生活宽裕、乡风文明、村容整洁、管理民主”的建设社会主义新农村目标要求组织编写，内容涵盖农村政治、经济、文化、社会建设与管理和农业科技等方面，分为社会主义新农村建设理论探索、劳动经济技能培训、新型农民科技培训与自学、生态家园建设、乡村文化与娱乐、民主与法制、健康进农家等系列，每个系列由几套小丛书组成，从2007年起陆续出版。它旨在帮助县(市)乡(镇)各级干部更新观念、开拓思路，提高建设社会主义新农村的理论水平和决策能力；帮助广大在乡务农农民和进城务工农民掌握先进适用技术，提高科学文化素质，增强致富能力，增加经济收入，提高生活质量，造就有文化、懂科技、会经营的新型农民，为加快农村全面小康和现代化建设步伐做出应有的贡献。

这套书系有三个主要的特点：一是理论密切联系实际，紧扣新农村建设中的热点和难点研究问题，具有创新性和启发性；二是面向现代农业和国内外大市场，介绍新观念、新知识和新技术，具有先进性、实用性和可操作性；三是门类多样，形式活泼，通俗易懂，图文并茂，具有可读性。我认为从理论与实践的结合上，从读者的阅读需求上做这样的设计安排是比较合乎实际的。

建设社会主义新农村是一项长期而艰巨的任务,前进道路上要解决的问题还很多,因此,加强对社会主义新农村建设的理论研究十分重要。比如现代农业建设、农村体制综合改革、农业土地产权制度改革、农村金融改革、农业科技创新与转化、农民专业合作经济组织建设、贫困山区的脱贫致富、农村生态环境建设、农村民主政治建设等若干重大的理论问题和实践问题都有待进一步深入研究;同时,及时总结新农村建设中的经验教训,积极探寻新农村建设的各种模式,以及弄清城镇化与新农村建设、全球化与新农村建设、工业化与新农村建设等之间的关系,等等,都是很有必要的。

农民是建设新农村的主体。他们对享受丰富多彩的精神文化生活,掌握先进的科学技术,勤劳致富,建设幸福美好的家园有着强烈的渴求。本书系如能为满足农民朋友的这些多种多样的需求奉献涓滴力量,当是编委、作者和出版者都感到欣慰的事。

我殷切地期望本书系的出版将受到从事新农村建设的广大农民朋友和农村基层干部的欢迎,对推进新农村建设的政府部门领导干部、从事"二农"问题研究的学者和一切关心新农村建设的社会各界人士也有所启发,在推进社会主义新农村建设中发挥积极的作用。希望大家多提宝贵意见,并惠赐佳作。

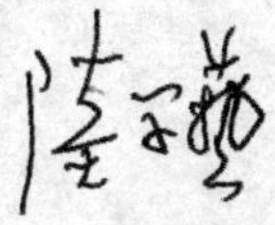

中国社会科学院荣誉学部委员

中国社会学会名誉会长

中国农村社会学研究会会长

2007年清明于北京

前　言

我国已迈入全面建设小康社会、构建社会主义和谐社会的新时代。随着国家经济发展水平的提高,人们对城市环境、居家环境和工作环境的绿化与美化有了更高的追求,它带来了园林绿化行业的迅猛发展,也使得社会对园林绿化技能人才的需求迅速增加。为了培养适应社会需求的园林绿化专业技能人才,特别是满足农村劳动力转移培训中初级技能培训之需,我们组织骨干教师编写了《我跟绿化师傅学手艺》丛书。

本丛书是重庆出版社策划组织的《新时代新农村建设书系·劳动经济技能培训系列》中的一套丛书,共6册。它们是:《初级绿化工》、《初级花卉工》、《初级植保工》、《初级苗圃工》、《初级盆景工》和《初级假山工》。

本丛书按照国家建设部颁布的职业技能岗位标准,并结合作者的教学实践经验进行编写,内容力求做到"浅"、"精"、"实"、"活"。"浅",文字浅显易懂,内容深浅得当;"精",内容简明、精练,重点突出,既注重岗位能力的培养,又注重知识的系统性;"实",内容翔实,科学性、实用性和可操作性均强,每章列有学习要求和检测题,方便培训教学;"活",编排活泼,图文并茂。因此,本丛书特别适合初学者学习和使用。

本套丛书的编写工作,得到重庆市园林事业管理局的大力支持和重庆出版社的热情鼓励;在写作过程中,参考和引用了部分同行资料,在此一并致以深深的感谢!

由于我们水平有限,书中定有不足之处,欢迎读者批评指正。

重庆市园林绿化职业教育培训中心
2007年1月

目　录

第一章　花卉基础知识

第二章　花卉繁殖技术

第三章 花卉栽培技术

第四章 花卉应用

Huahui Jichu Zhishi

第一章　花卉基础知识

学习要求

1. 了解花卉在城市园林绿化中的作用和意义。
2. 掌握花卉分类的基本概念。
3. 能识别常见花卉 40 种。
4. 了解影响花卉生长的环境因素。

第一节　花的发生及其组成部分

一、花芽分化

植物生长发育成熟即开花结果，花的发生是当植物由营养生长转入生殖生长时，有些芽的分生组织停止分化叶原基和腋芽原基，而发生花原基或花序原基，最后发育为花或花序的各部分，这个过程叫花芽分化。

二、花的组成

一朵典型的花通常由花梗(柄)、花托、花萼、花冠、雄蕊、雌蕊6部分组成。通常把具有花萼、花冠、雄蕊、雌蕊的花叫完全花，如桃花；把缺少其中任何一部分或几部分的花叫不完全花，如水仙、百合等(图1.1)。

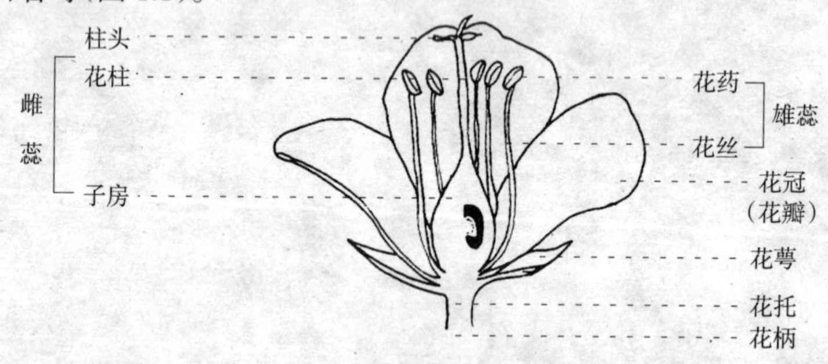

图1.1　花的组成

(一)花　萼

花萼位于花的最外轮，由数枚萼片组成，通常为绿色叶状薄片，但也有其他颜色的。如一串红的花萼为红色，绣球花的花萼为白色，石榴花的花萼为鲜红色，吊钟海棠的花萼呈白、粉、红等色。花萼也是重要的观赏部分。

(二)花　冠

花冠位于花萼内,由若干花瓣组成。花冠常具有鲜艳的颜色和芳香的气味,能分泌蜜汁,所以花冠具有吸引昆虫传粉的作用。通常花冠是花卉观赏的主要部分。

花冠的形状很多,花瓣彼此分离的叫离瓣花,如月季、莲等;花瓣基部连合或全部连合的叫合瓣花,如杜鹃、牵牛花等。常见花冠类型(图 1.2)如下。

1. 十字形花冠

花瓣 4 枚、离生,排成十字形,如桂竹香、紫罗兰等十字花科植物。

2. 蔷薇形花冠

花瓣 5 枚、离生,排成五星辐射状,如桃、梅等。

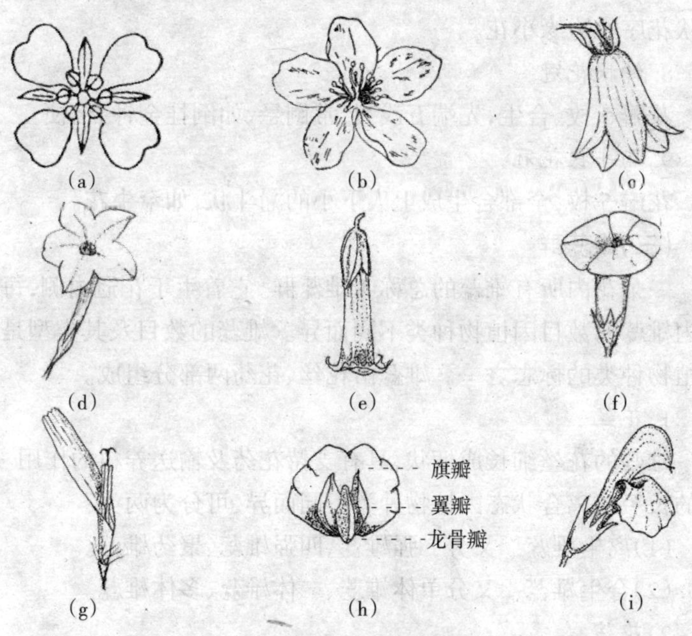

图 1.2　常见的花冠类型

(a)十字形　(b)蔷薇形　(c)钟状　(d)石竹形
(e)管状　(f)漏斗状　(g)舌状　(h)蝶形　(i)唇形

3. 石竹形花冠

花瓣5枚、离生，下部成爪状伸入萼筒，上部向外平展与爪几乎成直角，如石竹。

4. 蝶形花冠

花瓣5枚、离生，但各瓣形状大小不同，分旗瓣（1枚）、翼瓣（2枚）和龙骨瓣（2枚），花冠形似蝴蝶，如紫藤、刺槐等。

5. 唇形花冠

花瓣5枚，合生成上下两部分，形若二唇，如一串红等。

6. 管状花冠

花瓣5枚，合生成筒状，如菊科植物篮状花序中央的小花。

7. 舌状花冠

花瓣基部合生成筒状，中上部向一侧平展成舌状，如菊科植物篮状花序的边缘小花。

8. 钟状花冠

花瓣5枚、合生，先端五浅裂，常倒悬，如倒挂金钟、桔梗。

9. 漏斗状花冠

花瓣5枚，全部合生成上大下小的漏斗状，如牵牛花。

（三）雄蕊群

一朵花内所有雄蕊的总称叫雄蕊群。它着生于花冠内侧，每朵花内雄蕊的数目因植物种类不同而异。雄蕊的数目及其类型是鉴定植物种类的标志之一。雄蕊由花丝、花药两部分组成。

1. 花丝

雄蕊的花丝细长成柄状，具有支持花药及输送养料的作用。花丝的长短或离合状态因植物种类不同而异，可分为两类：

（1）离生雄蕊　又分二强雄蕊、四强雄蕊、聚药雄蕊。

（2）合生雄蕊　又分单体雄蕊、二体雄蕊、多体雄蕊。

2. 花药

花药生在花丝顶端，呈囊状，通常由2～4个花粉囊组成，分成左右两半，中间有药隔相连。每个花粉囊内能产生许多花粉粒。

(四)雌蕊群

一朵花内所有雌蕊的总称叫雌蕊群，它位于花的中心。每个雌蕊通常由柱头、花柱、子房3部分组成。

1. 柱头

柱头在雌蕊的顶端，是承受花粉的部分，常扩展成圆盘状、羽毛状等。

2. 花柱

花柱是柱头和子房相连接的部分，是花粉管进入子房的通道。

3. 子房

子房是雌蕊基部的膨大部分。外面为子房壁，内生胚珠。传粉受精后，整个子房发育成果实，胚珠发育成种子。

在一朵花中具有雌蕊和雄蕊的称为两性花，若只有雌蕊或雄蕊的称为单性花，其中只有雌蕊的称雌花，只有雄蕊的称雄花。同一株植物上有雌花、雄花的称为雌雄同株，如雪松、核桃等。如雌花和雄花不生在同一植株上称雌雄异株，如银杏等。

三、花　序

花在花轴上排列的顺序叫花序。花芽开放为一朵花，叫做单生花。花芽开放为一串或一簇花，这些花按一定的顺序排列在花轴上，这样的花叫做花序，其上的每一朵花称为花序的小花。根据小花在花轴上的排列方式及开放顺序不同，花序分为两大类。

(一)总状类花序(无限花序)

花序作总状分枝，开花的次序由下而上，或由外向内，花序不断向上伸长，生长时间延续较久，故又称无限花序。它包括以下各类(图1.3)。

1. 总状花序

具有长花序轴，其上着生许多有柄的小花，各小花柄近似等长，如紫藤、刺槐等。

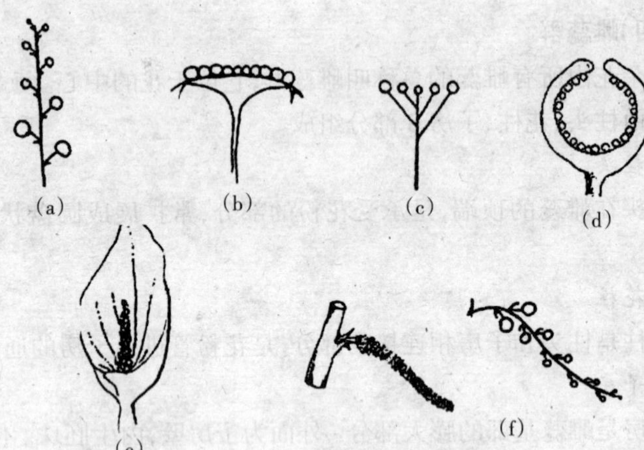

图 1.3　常见的花序种类
(a)总状花序　(b)头状花序　(c)伞房花序　(d)隐头花序
(e)肉穗花序　(f)柔荑花序

2. 肉穗花序

花轴肥厚肉质，膨大呈棒状。有的肉穗花序外面具有一大型苞片，称佛焰苞，如马蹄莲等。

3. 伞房花序

与总状花序相似，但小花柄不等长，下部的花柄长，向上逐渐变短，使整个花序的小花几乎排列在一个平面上，如樱花、梨等。

4. 伞形花序

小花聚生于花轴顶端呈放射状，小花柄近等长，形如张开的伞，如水仙、君子兰等。

5. 头状花序

花轴顶端膨大呈圆球形，其上着生多数无柄小花，如悬铃木、千日红等。

6. 篮状花序

花轴短缩肥厚，顶端呈盘状，小花无柄，着生于盘上，下面聚生多数苞片，全形似花篮，如菊花等。

7. 柔荑花序

具长花序轴，其上小花常为单性花，无柄、无花瓣，花序柔软下垂，如杨、柳等。

8. 隐头花序

花轴顶端膨大，中央凹陷成肉质中空的囊状体，小花密生于囊状体的内壁上，如无花果。

(二)聚伞类花序(有限花序)

花序作合轴分枝或二叉分枝，开花次序由上而下或由内向外，花轴在开花后不再伸长，因此又称有限花序。常见的有：

1. 单歧聚伞花序

花轴顶端的花先开，以后在花的下方向一个方向分枝，则花序卷曲成镰刀状，称卷伞花序，如小菖兰等。如果分枝向两个方向互换，使整个花序直立如蝎尾，称蝎尾状聚伞花序，如鸢尾、唐菖蒲等。

2. 二歧聚伞花序

花轴顶端只生一花先开，在花的下端为假二叉分枝，以后各枝再以同样的方式继续分枝，如石竹、大叶黄杨。

3. 多歧聚伞花序

花的生长分枝方式与二歧聚伞花序相同，但它的分枝在两个以上，如一品红。

以上只是植物花序中的基本类型，在自然界中花序类型复杂，有些植物的花序为混合花序，如女贞、南天竹、丁香等是复总状花序(又称圆锥花序)。

四、开花与传粉

(一)开　花

当花粉粒和胚囊发育成熟，花萼、花冠展开露出雄蕊和雌蕊，这种现象叫开花。

植物第一次开花年龄、开花的季节、开花期的长短以及一朵花开放的具体时刻和开放持续时间的长短，都随植物的种类不同而异，甚至在同一种植物的不同品种之间也会有差别。一般一二年生花卉播种几十天就能开花，而一些木本花卉要数年时间才能开花，但如果用扦插或嫁接等无性繁殖方法进行培育,就能缩短开花年龄。

有些植物的花期较长,如紫薇花期长达100天左右,月季、美人蕉花期更长,而玉兰花只开1个星期左右。大多数植物开花都有一定的周期性,如牵牛花是早上开,半枝莲中午开,而昙花却在晚间开放。开花期的长短及开花次数的多少还受环境条件及管理状况的影响,水肥充足、光照适宜能使花开得艳丽、花期长。

(二)传 粉

成熟的花粉粒以各种不同的方式,从雄蕊的花药传到雌蕊的柱头上,称为传粉,传粉的方式有两类。

1. 自花传粉

雄蕊的花粉粒传到同一朵花的雌蕊柱头上,叫自花传粉。如桃、李、香豌豆都是自花传粉植物。自花传粉在自然界比较少。

2. 异花传粉

一朵花的花粉粒传到另一朵花的柱头上,叫异花传粉。大多数植物是异花传粉植物。

异花传粉必须借助风力或昆虫作媒介。借风力传粉的花叫风媒花,如杨、柳等。风媒花的特点是花小、无鲜艳色彩、无香味及蜜腺;花粉粒小而轻,数量多,容易被风吹送;雌蕊柱头大而分叉,往往扩展成羽毛状。

靠昆虫传粉的花叫虫媒花。大多数花卉及果树都是虫媒花。虫媒花的特点是花大而鲜艳、有气味或蜜腺,以吸引昆虫传粉;花粉粒较大,表面粗糙、有黏性,易被昆虫携带。

植物经过异花传粉所产生的后代,生活力强、适应性广、植株强壮、开花多、结实率高。于是,在进化过程中,异花传粉的植物多被自然界选择、保留并得到发展,成为目前世界上被子植物中占绝对优势的一类。但异花传粉常受到自然条件的限制,如气候不良、缺乏适当的传粉媒介、花期不遇等。因此,在生产上常采用人工辅助授粉、放养蜜蜂、配植授粉树等措施,以保证异花传粉正常进行,从而提高成果率或有利于培育新品种。

第二节　花卉的概述和分类

花卉有广、狭两种意义，狭义的花卉是指具有观赏价值的草本植物，如菊花、芍药、唐菖蒲、水仙等。广义的花卉除指有观赏价值的草本植物外，还包括草本或木本的地被植物、花灌木、开花乔木以及盆景等，如麦冬、沿阶草等地被植物，梅花、桃花、山茶等花灌木。

一、花卉在城市园林绿化中的作用和意义

（一）在园林绿化中的作用

花卉为园林绿化、美化和香化的重要材料。尤其草本花卉，因其繁殖系数高、生长快、花色艳丽、装饰效果强、美化速度快，所以在园林绿地中常用来布置花坛、花境、花丛等，不仅可以创造优美的工作、休息环境，还达到为人们生活和生产服务的目的。花坛、草坪及地被植物不仅绿化、美化了环境，还起到防尘、杀菌和吸收有害气体等卫生防护作用。大面积的地被植物，可以防止水土流失，保护土壤。

（二）在文化生活中的作用

随着生活水平的不断提高，人们普遍应用花卉进行室内和公共场所的装饰。另外，在国际交流和日常交往中，花卉的需求量也日益增多。花卉不仅能起到装饰美化作用，而且富有教育意义。奇花异卉，变化万千，在欣赏之余，更有助于人们对自然的了解，增长科学知识。

（三）在经济生产中的作用

花卉栽培是重要的园艺生产项目，不仅可以直接满足国内人们生活中对于切花、盆花、球根、种子以及室内观叶植物等的需要，还可以远销国外，换取外汇或其他急需物资。同时，很多花卉又是药用植物、香料植物或其他经济植物。随着我国经济的发展，花卉

消费市场逐渐壮大,花卉业已成为一项重要的经济产业,若能大力发展,对国民经济将起到积极的作用。

二、花卉的实用分类

(一)按生态习性分类

1. 一二年生草本花卉

一年生草本花卉是春天播种,当年夏秋开花,结实后植株逐渐枯萎死亡,如百日草、鸡冠花等。二年生草本花卉则是头一年的秋天播种,第二年的春夏开花,如三色堇、金盏菊等。

2. 宿根花卉

宿根花卉是多年生的落叶或常绿草本花卉,寿命较长,一次栽植后能多年生长。落叶宿根花卉是指冬季地上茎叶枯萎,仅留存地下根部越冬,翌年春季又开始萌发生长,如芍药、蜀葵等。常绿宿根花卉是指茎叶冬季不枯萎,终年常青,如兰花、君子兰等。

3. 球根花卉

球根花卉属于多年生草本花卉,具有肥大且富含营养的变态茎或变态根。按照它们的形态不同又分为:

(1)鳞茎类　它的地下茎极为短缩而形成鳞茎盘,上面长有肉质鳞片,包裹着整个鳞茎而呈球形,如百合、水仙、风信子等。

(2)球茎类　它的地下茎短缩肥大,呈球形,球顶部有较肥大的顶芽,抽芽形成地上部分,如唐菖蒲、仙客来等。

(3)块茎类　它有肥大的地下块茎,呈不规则形,在地下休眠,顶端有芽,抽枝发叶,形成新植株,如大岩桐等。

(4)根茎类　它的地下肥大部分为根状茎,多肉质,有分枝,每节有侧芽,可抽枝发叶,如美人蕉。

(5)块根类　它的地下肥大部分为根,其上不具芽眼,只有根茎分界处有芽,块根呈纺锤形,如大丽花等。

4. 多肉多浆植物

多肉多浆植物在园艺栽培中自成一类,主要指多肉、多刺或多浆的多年生草花，其茎叶肥厚、肉质，部分种类叶退化为刺状，如昙花、虎刺、石莲花、仙人球等。

5. 水生花卉

水生花卉主要指生长在水中或沼泽地的花卉，如荷花、睡莲、石菖蒲等。

6. 木本花卉

木本花卉主要指木本的观赏植物，其次生木质部发达，包括盆栽花卉、乔灌木花卉和藤本植物，如樱花、梅花、杜鹃、牡丹及爬山虎、紫藤等。

（二）按栽培方式分类

1. 露地花卉

一年四季均在露地生长发育的花卉，称为露地花卉。它包括露地栽培的一二年生草本花卉和多年生花卉中的草本和木本类，如一串红、花菱草、长春花、月季等。

2. 温室花卉

凡是在当地不能露地越冬，必须用温室栽培的花卉，称为温室花卉。成渝两地常见的温室花卉有瓜叶菊、仙客来、扶桑和多肉多浆植物等。

（三）按观赏器官分类

1. 观花类

以观花为主，有的具有美丽的苞片，如马蹄莲、九重葛等。根据习性不同又分为：木本观花类，如月季、杜鹃、茶花等；草本观花类，如半枝莲、一串红、瓜叶菊、菊花等。

2. 观叶类

以观赏其独特的叶片为主，如竹芋、花叶芋、朱蕉、红背桂等。

3. 观果类

以观果为主，如石榴、金橘等。

4. 观茎类

以观赏枝茎的独特风姿为主，如光棍树、玉叶珊瑚、文竹等。

5. 观芽类

以观赏芽为主，如银芽柳等。

（四）按观赏方式分类

1. 花坛花卉

此类花卉以露地一二年生草本花卉为主，如雏菊、一串红、鸡冠花等。

2. 盆栽花卉

以盆栽形式装饰房间、点缀庭院，如文竹、仙客来、朱顶红等。

3. 切花花卉

适用于切花的花卉，如唐菖蒲、香石竹、百合等。

4. 庭院花卉

用以布置庭院的花卉，大多是宿根和木本种类，如芍药、牡丹、杜鹃等。

第三节 常见花卉介绍

一、一二年生花卉

1. 三色堇

科属 堇菜科，堇菜属。

识别要点 多年生草本，作二年生栽培，株高15～30厘米。多分枝，直立性弱，枝条三棱状。基生叶及幼叶浑圆形，有圆钝锯齿，叶柄明显；茎生叶卵状披针形，有锯齿，羽状裂，互生；托叶较大，宿存，羽裂。花单生叶腋，花梗长达12厘米，为

图1.4 三色堇

两侧对称花，5 基数；花有距，萼片中生，具多花性；花色主要有白、淡黄及橙黄、淡雪青至紫堇色、深红、杂色。花期 4～6 月。蒴果，瓣裂。

园林用途　春季作花坛、盆栽观赏，也可用于岩石园布置。

2. 彩叶草

科属　唇形科，彩叶草属。

识别要点　多年生草本，作一年生栽培，株高 30～50厘米。单叶对生，卵形，有锯齿，质薄；叶面皱缩，呈黄、橙、红、紫、粉等色彩。花小，淡蓝或带白色，呈圆锥花序，花期夏、秋。小坚果平滑。

图 1.5　彩叶草

园林用途　作花坛，也可盆栽。

3. 向日葵

科属　菊科，向日葵属。

识别要点　一年生草本，株高 90～150 厘米。主茎刚直，被粗硬毛。叶互生，宽卵形。头状花序单生茎顶，舌状花金黄色，筒状花两性，紫褐色。园艺品种有重瓣矮生种，花色为铜棕、红褐、樱红等。花期 7～9 月。

图 1.6　向日葵

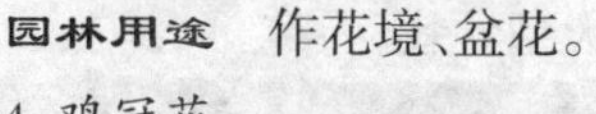

园林用途　作花境、盆花。

4. 鸡冠花

科属　苋科，青葙属。

识别要点　一年生草本，株高40～100 厘米。茎直粗壮。叶长卵形或卵状披针形。花序平呈鸡冠状，雌花着生于花序基部，花色有紫红、红、玫红、橙黄等色，花期

图 1.7　鸡冠花

7～10 月。种子黑色，果熟于 9～10 月下旬。

园林用途 多用作布置花坛、花境，也可植于庭院，或作盆栽。

5. 瓜叶菊

科属 菊科，千里光属。

识别要点 多年生草本，通常作一二年生栽培。植株高矮不一，矮者仅 20 厘米，高者可达 90 厘米。头状花序呈单瓣状或重瓣状，花序径3.5～12 厘米，多数聚成伞房花序状。花色有白、桃红、红、紫、蓝等，但无黄色。雌花花冠有时呈双色，即基部白色，上半呈别的色。花期春季。

图 1.8 瓜叶菊

园林用途 春季作花坛、盆栽观赏。

6. 一串红

科属 唇形科，鼠尾草属。

识别要点 多年生草本花卉，常作一年生栽培。茎直立，一般株高约 50～80 厘米，矮生种株高约 30 厘米。茎光滑，有四棱。叶对生，卵形，先端尖，边缘有锯齿。总状花序顶生，遍被红色柔毛小花，小花 2～6 朵轮生。花萼钟状，与花瓣同色，花冠唇形。种子着生于萼筒基部，成熟后浅褐色。

图 1.9 一串红

园林用途 布置花坛，也可作大型盆栽。

7. 矮牵牛

科属 茄科，碧茄属。

识别要点 一年生或多年生草本花卉，株高约 40～50 厘米，全株上下都有黏毛。茎直立。叶片卵状，全缘，几无柄，互生，嫩叶略对生。花单生叶腋及顶生，花萼 5

图 1.10 矮牵牛

裂，裂片披针形。花冠漏斗状，花瓣变化多，有单瓣、半重瓣，瓣边呈皱波状。花朵颜色有白、浅紫、深紫、红、红白相间等色。

园林用途 一种极好的草花，多用于布置花坛，或盆栽后布置室内。

8. 紫茉莉

科属 紫茉莉科，紫茉莉属。

识别要点 多年生草本植物，常作一年生栽培。株高60～90厘米。茎直立而多分枝，茎节膨大。叶对生，卵形或卵状三角形，先端尖，全缘。花枝端顶生，3～5枚成簇。花冠高脚碟状，先端5裂，有紫红、黄、白、红黄相间等色。果实圆形，成熟后呈黑色。花期8～11月，傍晚开花，早晨花凋。

图1.11 紫茉莉

园林用途 一种极好的秋季草花，多用作地被植物。

9. 醉蝶花

科属 白花菜科，醉蝶花属。

识别要点 一年生草本，株高90～120厘米。有强烈气味和黏质腺毛。掌状复叶，小叶5～7枚，矩圆状披针形，先端急尖，基部楔形，全缘，两侧及叶柄有腺毛，托叶变成小钩刺。总状花序顶生，萼片条状披针形，向外反折；花瓣玫瑰紫色或白色，倒卵形，有长爪。蒴果圆柱形。种子浅褐色。

图1.12 醉蝶花

园林用途 布置花境的好材料，也可作盆栽。

10. 虞美人

科属 罂粟科，罂粟属。

图1.13 虞美人（徐晔春 摄）

识别要点 一二年生草本花卉，茎直立，株高40～80厘米，全株被绒毛。叶长椭圆形，不整齐羽裂，互生。花单生，有长梗，含苞时下垂，开花后花朵向上。萼片2枚具刺毛；花瓣4片，圆形；花色有纯白、紫红、粉红、红、玫红等色，有时具斑点。果实圆球形，种子数多。花期5～6月。

园林用途 可布置花坛，也可遍植于庭院四周或盆栽。

11. 千日红

科属 苋科，千日红属。

识别要点 一年生草本花卉，株高50～60厘米。植株上部多分枝，茎直立。叶对生，短圆状倒卵形，全缘。花顶生，头状花序单生，或2～3个花序集生于枝端，每序有一较长的总梗，花序圆球形。小花的干膜质苞片为红色及玫红色。花期8～11月。

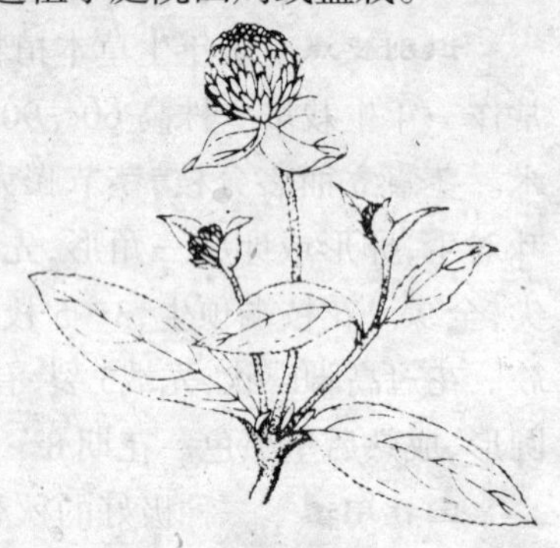

图1.14 千日红

园林用途 可布置花坛、花境，也可盆栽或作切花。

12. 蒲包花

科属 玄参科，蒲包花属。

识别要点 多年生草本，常作一二年生栽培。茎叶被细茸毛。叶对生，卵形至卵状椭圆形，常呈黄绿色。花冠二唇形，有乳白、黄、橙红等色，其间散生许多紫红色、深褐色或橙红色的小斑点。温室中栽培，花期2～5月。蒴果内含多数小种子。

图1.15 蒲包花(徐晔春 摄)

园林用途 宜作室内盆栽用花。

13. 羽衣甘蓝

科属 十字花科，甘蓝属。

图 1.16　羽衣甘蓝

识别要点　二年生草本花卉，株高 30～40 厘米，抽薹开花时可高达 150～200 厘米。叶宽大匙形，平滑无毛，被有白粉，外部叶片呈粉蓝绿色，边缘呈细波状皱褶；内叶叶色极为丰富，有紫红、粉红、白、牙黄、黄绿等。叶柄粗而有翼。

园林用途　可布置花坛、花境，也可盆栽。

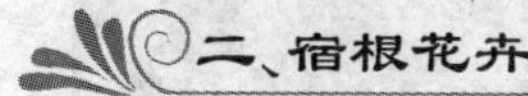

二、宿根花卉

1. 鸢尾

科属　鸢尾科，鸢尾属。

(a)　(b)

图 1.17　鸢尾

(a)茎和叶　(b)花

识别要点　多年生草本。根状茎匍匐多节，节间短。叶剑形，质薄，淡绿色，交互排列成两行。花茎几乎与叶等长，总状花序。花 1～3 朵，蝶形，蓝紫色，外列花被的中央面有一行鸡冠状白色带紫纹突起。花期 4～5 月，果期 6～8 月。

园林用途　可布置花坛，也可栽植于水湿畦地、池边湖畔、石间路旁，亦可作切花。

2. 君子兰

科属　石蒜科，君子兰属。

图 1.18　君子兰

识别要点　多年生常绿草本。根肉质纤维状，基部具叶基形成的假鳞茎。叶形似剑，互生排列，全缘。伞形花序顶生，每个花序有小花 7～30 朵，多的可达 40 朵以上。小花有柄，在花葶顶端呈两行排列。花漏斗状，黄或橘黄色。浆果球形，初为绿色或深绿色，成熟后呈红色。可全年开花，但以春、夏季为主。

园林用途　宜作室内盆栽用花。

图 1.19　银叶菊

3. 银叶菊

科属　菊科，矢车菊属。

识别要点　一年生草本，株高 30～70 厘米，基被白色绒毛，多分枝。叶 1～2 回羽状分裂。

园林用途　一种重要的花坛观叶植物，也可用以镶边。

图 1.20　秋海棠

4. 秋海棠

科属　秋海棠科，秋海棠属。

识别要点　多年生草本，株高 50～70 厘米。块茎球形，茎直立，上部分枝，光滑。叶片宽卵形，顶端渐尖，基部斜心形，边缘细波状，有细尖锯齿，表面有细刺毛，通常叶背面和叶柄紫红色，叶柄长，叶腋间有珠芽，落地生新苗。花淡红色，聚伞花序，腋生。蒴果有翅。8～9 月开花。

园林用途　可布置花坛、花境，也可栽植于树荫下、岩石旁。

图 1.21　大丽花

三、球根花卉

1. 大丽花

科属　菊科，大丽花属。

识别要点　多年生草本。肉质块根肥大，呈圆球形、甘薯形、纺锤形等，内部肉质乳白色，外表层灰白色、浅黄色或浅紫红色。新芽只能在根颈部萌发。茎直立，绿色或紫褐色，平滑，有分枝，节间中空，茎高 50～250 厘米。叶对生，1～3 回羽状深裂，裂片卵形，极少数为不裂的单叶。头状花序，由中间管状花和外围舌状花组成。管状花两性，多为黄色；舌状花单性，色彩艳丽，有白、黄、橙、红、紫各色。花期长，6～10 月开放。瘦果长椭圆形，果熟期一般在 8～9 月。

园林用途　可布置花坛、花境，也可盆栽或栽植在庭院中，还可作切花。

图 1.22　郁金香

2. 郁金香

科属　百合科，郁金香属。

识别要点　多年生草本。鳞茎扁圆锥形。茎、叶光滑，有的品种叶面有毛，被白粉。叶 3～5 枚，带状披针形至卵状披针形，全缘并呈波状。花单生茎顶，大形，直立，杯状；花被片 6 枚，离生，有白、黄、橙、红及紫红等各单色或复色，并有条纹，重瓣品种。花期 3～5 月，白天开放，傍晚或阴雨天闭合。

园林用途　可布置花坛、花境，也可盆栽或丛植于草坪中，还可作切花。

3. 美人蕉

科属　美人蕉科，美人蕉属。

识别要点　多年生球根花卉，高可达 1 米。根茎横卧而肥大。

图 1.23　美人蕉

地上茎肉质，不分枝。叶互生，宽大，长椭圆状披针形。总状花序自茎顶抽出。花色有乳白、淡黄、橘红、粉红、大红、红紫、洒金等。花期长，在 6～11 月陆续开花，开花盛期在 7～8 月份。

园林用途　可作花坛中心或花境背景，也可盆栽或丛植于草坪中。

4. 马蹄莲

科属　天南星科，马蹄莲属。

识别要点　多年生草本。具肥大的肉质块茎。叶大，基生，箭形，先端锐尖，基部截形，全缘，鲜绿色。佛焰苞白色，形大，似马蹄状，故名。肉穗花序鲜黄色，直立于佛焰苞中央，上部着生雄花，下部着生雌花。

园林用途　是作瓶花、花束和花篮的插花材料，也可盆栽。

图 1.24　马蹄莲

5. 百合花

科属　百合科，百合属。

识别要点　叶形有披针形、矩圆状披针形、矩圆状倒披针形、椭圆形或条形，无柄或具短柄，全缘或边缘有小乳头状突起。花大，单生、簇生或呈总状花序，少有近伞形或伞房状排列。花苞叶状，但较小；花色常鲜艳，花朵或直立、或下垂或平伸，花被片6，通常披针形或匙形，2轮，离生，常靠合成喇叭形、钟形或碗形；基部有蜜腺，蜜腺两边或有乳头状突起，或有鸡冠状突起，或有流苏状突起。雄蕊6，花丝细长，有毛或无毛；花药椭圆而大，丁字状背着。子房圆柱形，花柱一般较细长，柱头膨大，3裂。蒴果矩圆形，具3果爿，每果爿在中央自顶部向下裂开；种子数多，扁平。

图1.25　百合花(徐晔春　摄)

园林用途　是作盆栽、切花的名贵花卉。

四、水生花卉

1. 睡莲

科属　睡莲科，睡莲属。

识别要点　多年生水生花卉。根状茎粗短。叶丛生，纸质或近革质，近圆形或卵状椭圆形，直径6～11厘米，全缘，无毛，上面浓绿，下面暗紫色；具细长叶柄，浮于水面；幼叶有褐色斑纹。花单生于细长的花柄顶端，多白色，直径3～6厘米，漂浮于水面。萼片4枚，宽披针形或窄卵形。聚合果球形，内含多数椭圆形黑色小坚果。长江流域花期5月中旬至9月，果期7～10月。

图1.26　睡莲

园林用途　可用于庭院水景。

2. 荷花

科属　睡莲科，睡莲属。

图 1.27　荷花

识别要点　叶大，直径可达70厘米，全缘，呈盾状圆形，具14～21 条辐射状叶脉。叶面深绿色、粗糙、满布短小钝刺，刺间有一层蜡质白粉，故能使雨水凝成滚动的水珠。荷花的花原基着生于藕带处芽内、幼叶基部的背面；花单生、两性；萼片 4～5 枚，绿色，花开后脱落；花有深红、粉红、白、淡绿及间色等变化。花期 6～9 月，花谢后膨大的花托称莲蓬，上有 3～30 个莲室，发育正常时每个心皮形成一个椭圆形小坚果，俗称莲子。

园林用途　可用于庭院水景。

五、木本花卉

1. 蜡梅

图 1.28　蜡梅(左图：徐晔春　摄)

科属　蜡梅科，蜡梅属。

识别要点　落叶灌木。树枝丛生，枝条黄褐色，有明显皮孔。叶对生，纸质，椭圆形或楔形，表面深绿色，背面叶脉上有短硬毛。花单生，黄色，内有紫色条纹，花瓣蜡质，香气浓郁，花梗极短，花托发育成坛状。花期 12 月至翌年 3 月，花先叶开放。瘦果，7～8月成熟，有光泽。

园林用途　是冬季著名花木之一。常配植于庭院、绿地、墙隅，也可盆栽或插瓶，亦适合作工厂绿化之用。

2. 石榴

科属　石榴科，石榴属。

识别要点　石榴是落叶灌木或小乔木，在热带则变为常绿树。根黄褐色，生长强健，根际易生根蘖。树冠丛状，自然圆头形。树干灰褐色，上有瘤状突起，干多向左方扭转。树冠内分枝多，嫩枝有棱，多呈方形；小枝柔韧，不易折断。芽色随季节而变化，有紫、绿、橙三色。叶呈长披针形，长1～9厘米，尖端圆钝或微尖，质厚，全缘；叶在长枝上对生，短枝上近簇生。花两性，有单瓣、重瓣之分，重瓣品种花瓣多达数十枚；花多红色，也有白色、黄色或粉红、玛瑙等色。果实成熟后多呈鲜红、淡红色。

图1.29　石榴(徐晔春　摄)

园林用途　适合在各种园林绿地中栽植，也可作树桩盆景。

3. 夹竹桃

科属　夹竹桃科，夹竹桃属。

识别要点　常绿灌木，树灰褐色，小枝绿色。叶常3叶轮生，下部偶有对生，革质，浅状披针形，表面深绿色，背面淡绿色，中脉显著，侧脉羽状平行，全缘，无毛。聚伞花序，顶生；花单瓣或重瓣，粉红色

图1.30　夹竹桃

至深红色；副花冠鳞片状，顶端撕裂。花期6～9月。蓇葖果矩圆形，12月至翌年1月成熟。

园林用途 适合在各种园林绿地中栽植。

4. 一品红

图 1.31 一品红

科属 大戟科，大戟属。

识别要点 直立灌木。茎光滑，嫩枝绿色，老枝淡棕色。单叶互生，卵状椭圆形至宽披针形，长10～15厘米，全缘或具浅裂，背有柔毛。总苞片是主要观赏部分，呈叶片状，披针形，通常称作顶叶，开花时有红、黄、粉红等色。总苞聚伞状排列，淡绿色，边缘有齿，花小。蓇葖果褐色，种子3粒。

园林用途 最适合盆栽，也可作切花。

5. 樱花

科属 蔷薇科，李属。

识别要点 落叶乔木，高5～25米。树皮暗栗褐色，光滑而有光泽，具横纹。小枝无毛。叶卵形至卵状椭圆形，先端尾状，边缘具芒齿，两面无毛，背面苍白色，幼叶淡绿褐色。伞房状或总状花序，花白色或淡粉红色，花期4～5月。核果球形，黑色，7月成熟。

园林用途 适宜种植于山坡、庭院、建筑物前，也可作小路行道树。

图 1.32 樱花

6. 紫荆

科属 蔷薇科,李属。

图 1.33 紫荆

识别要点 落叶灌木或小乔木。树皮暗褐色,老时粗糙纵裂。叶互生,近圆形,先端略尖,基部心形,全缘,主脉 5 出。花先叶开放,4～10 朵簇生或为短总状花序;花冠蝶形,玫瑰红色。荚果条形,扁平,红紫色。花期 4 月,果期 8～9 月。

园林用途 适宜种植于公园、庭院、路旁,也可作盆栽。

7. 八仙花

科属 虎耳草科,八仙花属。

图 1.34 八仙花

识别要点 落叶灌木。小枝粗壮,皮孔明显。叶大而稍厚,对生,倒卵形、椭圆形或宽卵形,边缘有粗锯齿;叶面鲜绿色,叶背黄绿色;叶柄粗壮。花大型,由许多不孕花组成顶生伞房花序。萼片 4 枚,宽卵形或圆形。花色多变,初时白色,渐转蓝色或粉红色。花期 6～7 月。

园林用途 适用于庭院绿化;也可作盆栽。

六、我国传统名花

1. 梅花

科属 蔷薇科,李属。

识别要点 树干褐紫色，多纵驳纹，小枝呈绿色或以绿为底色，无毛。叶广卵形至卵形，长 4～10 厘米，先端渐尖或尾尖，边缘具细锐锯齿，基部阔楔形或近圆形。幼叶两面被短柔毛，后多脱落，成叶多仅在下面脉上有毛，而以腋间为多。叶柄长 0.5～1.5 厘米，托叶具脱落性。花淡粉红或白色，径2～3 厘米，有芳香，每节 1～2 朵，无梗或具短梗，多在早春先叶而开；花瓣 5枚，常近圆形；萼片 5 枚，多呈绛紫色。核果近球形，径约 2～3 厘米，黄色或绿黄色，密被短柔毛，4～6 月果熟。

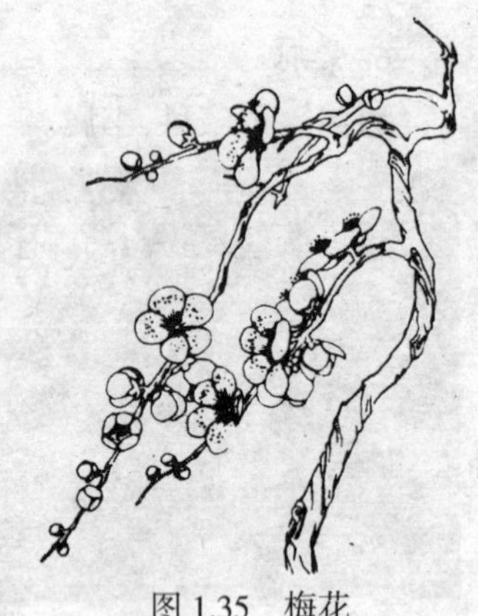
图 1.35　梅花

园林用途 可栽植于屋前、石边、塘畔等地。

2. 牡丹

科属 毛茛科，芍药属。

识别要点 叶片宽大，互生，2 回 3 出羽状复叶，具长柄。顶生小叶，卵圆形至倒卵圆形，先端 3～5 裂，基部全缘；侧生小叶为长卵圆形，表面绿色，具白粉，平滑无毛或有短柔毛。花单生，两性，顶生，直径 10～30 厘米。雄蕊多数，心皮 5，基部全被花盘所包裹。萼片 5 枚，宿存，绿色。花有黄、白、红、粉、紫、绿等色。花期一般在 4～5 月。开花后结成蓇葖果，密生短柔毛，成熟时开裂，内藏 5～15 枚大粒种子。种子呈不规则圆形，褐色或黑色。

图 1.36　牡丹

园林用途 可布置花坛、花境，也可盆栽或作切花。

3. 菊花

科属 菊科，菊属。

识别要点 单叶互生，叶柄长 1～2 厘米，柄下两侧有托叶或托叶退化;叶卵形至长圆形,边缘有缺刻及锯齿。叶的形态因品种而异,可分正叶、深刻正叶、长叶、深刻长叶、圆叶、葵叶、箨叶和船叶等8类。花生于枝顶,篮状花序,花径约2~30厘米,花序外由绿色苞片构成花苞。瘦果(一般称为"种子")长1~3毫米,宽0.9~1.2毫米,翌年1~2月成熟。

图1.37 菊花

园林用途 可布置花坛、花境或假山,也可盆栽或作切花。

4. 兰花

科属 兰科,兰属。

识别要点 兰花的根是丛生的须根系,肉质,无根毛。没有明显的茎。叶可分为寻常叶和苞叶两种。从假球茎上簇生出的叶称为寻常叶,呈线形或带形,无明显叶柄;全缘或边缘有细锯齿,平行脉;叶束一次长成,叶质常为硬革质,叶面大多为暗绿色,叶背较淡,叶梢尖锐或圆钝。苞叶,就是包在花茎上的变态叶,由于退化变成膜质鳞片状,基部为鞘形,俗称为壳。花单生或由多个花梗长短略等的花着生在长花茎上,排列成总状花序。果实为蒴果,呈三角形或六角形,每角自顶至基部有粗约0.3厘米的长棱,称为果脊柱。当果实成熟时,每一果瓣平面中央的果脊柱自蒴果顶端弹开,果瓣产生倒锥形裂缝,便于种子从裂口溅出。

图1.38 兰花

园林用途 可栽植于假山、石缝之中,也可盆栽。

5. 月季

科属 蔷薇科,蔷薇属。

识别要点 叶互生,奇数羽状复叶。花单生或排成伞房花序,花瓣5枚或重瓣。很多品种花有香气。在开花后花托膨大,成为果

图 1.39　月季

实，有红、黄、橙红、黑紫等色，呈圆、扁、长圆等形状。

园林用途　可布置花坛，也可盆栽或作切花。

6. 杜鹃

科属　杜鹃花科，杜鹃花属。

识别要点　常绿或落叶灌木或小乔木。叶椭圆状卵形至披针形，单叶互生，叶两面皆有柔毛。花 2～6 朵簇生，花冠漏斗状，有时为筒状，径 3.5～5 厘米，花色艳丽，有白、黄、红、深红、玫瑰红及复色等。花期 4～6 月。蒴果，种子细小。

园林用途　是优良的盆景材料，也可布置花坛。

图 1.40　杜鹃

7. 山茶花

科属　山茶科，山茶属。

识别要点　叶卵形、倒卵形或椭圆形，长 5～11 厘米，叶端短钝渐尖，叶基楔形，叶缘有细齿，叶表有光泽。花单生或对生于枝顶或叶腋，大红色，直径 6～12 厘米，无梗；花瓣 5～7 枚，但亦有重瓣

图 1.41　山茶花(左图为徐晔春摄)

的。花瓣近圆形，顶端微凹；萼密被短毛，边缘膜质；花丝及子房均无毛。蒴果近球形，径 2～3 厘米，无宿存花萼。种子椭圆形。花期 2～4月，果秋季成熟。

园林用途　可布置花坛等园林绿地，也可盆栽。

8. 桂花

科属　木犀科，木犀属。

图 1.42　桂花

识别要点　常绿灌木或小乔木，树冠卵圆形。芽叠生，单叶对生。叶椭圆形或长椭圆形，革质，全缘或上半部疏生细锯齿，幼时叶缘有锯齿，先端尖或渐尖，基部楔形。花奶白色或黄白色，浓香扑鼻；花序聚伞簇生，腋生；花梗纤细，萼具 4 长齿，花冠 4 深裂达基部；裂片长椭圆形，端圆，呈复瓦状排列。核果紫黑色。9～10 月开花，翌年 4 月果熟。

园林用途　桂花是我国的传统名花，在各类绿地中应用广泛，可列植、群植、成林、孤植等。

9. 水仙花

科属　石蒜科，水仙属。

识别要点　为多年生单子叶草本植物。有球状鳞茎，由鳞茎盘及肥厚的肉质鳞片组成。鳞茎盘上着生芽，着生在鳞茎球中心的称顶芽，着生在顶芽两

图 1.43　水仙花

侧的称侧芽,所有的芽都排列在一条直线上。小球一般只有叶芽,大、中球的顶芽为混合芽或叶芽。鳞茎盘底部的外圈生须根3～7层,根圆柱形、白色、细长,不分枝,长可达50厘米以上。叶片翠绿色,扁平带状,质软而厚,先端钝圆,叶面有层霜粉,叶宽1.5～5厘米、长40～90厘米。叶基有明显的环状突起,是叶片与鳞片的分界处。每芽有4～9片叶子,花枝由叶丛抽出,开花的多为5片叶或4片叶,叶片多的常不开花。每球一般抽花枝1～7支,多者可达10支以上。伞形花序,有膜质佛焰苞紧包花蕾,每花枝通常有5～7朵小花,多者可达10余朵,一般不结实。

园林用途 可散植在草地、树池边缘或布置花坛,也可作盆栽。

第四节 花卉与环境的关系

影响花卉生长发育的主要条件有土、水、肥、光、温、气,以及选和管。

土:是种好花的基础;

水:是种花成败的关键;

肥:是花卉的营养源泉;

光:是花卉生命的源泉;

温:是花卉生长发育的要素;

气:是花卉生命活动的需要;

选:是择优去劣,不断提高栽培效果的过程;

管:是综合运用各项栽培条件的技艺,要求在满足花卉生长发育需要的同时,还要使花卉达到一定的观赏水平。

一、花卉与温度的关系

花卉种子的发芽、生长发育、开花结果,都有它的最适温度、最高温度与最低温度,超过这一界线,一切生命活动都会受到影响。

一般说来,花卉随着温度的增高而加快生长发育,但当温度超过所要求的最高或最低温度的限度时,生长就会停止,甚至死亡。各种花卉只有在最适宜温度条件下,才能迅速健壮地生长发育、开花结果,花朵的色彩才艳丽。

(一)不同花卉对温度有不同要求

1. 耐寒性花卉

原产于寒带,抗寒力强,一般可耐 0 ℃以下的低温,北方在露地越冬。如二年生草花、部分落叶的球根与宿根花卉、多数落叶木本花卉等。

2. 半耐寒性花卉

原产于温带,耐寒力较强,冬天在北方需要保护才能越冬。如少部分的二年生草花、部分宿根与球根花卉和部分木本花卉。在生长后期多施草木灰,并减少氮素与水分的供应,均可增强抗寒力;休眠时壅土,施浓的有机肥,用薄膜覆盖地面等,都能升高土温。

3. 不耐寒性花卉

原产于热带或亚热带,不能忍受低温,无法在露地越冬,生长期还要求较高的温度。例如一年生草花在降霜之前开花结实,是以种子状态越冬的。温室花卉则必须在温室内越冬。温室花卉按其耐寒力,应分批进入温室。第一批,在寒潮到来之前,将一品红、变叶木等搬进温室;第二批,在早霜之前将仙客来、虎尾兰等搬进温室。翌年春天于清明节前后,分批搬出温室。盆花冬季搬进温室后,要逐渐升温;春季搬出温室前,应逐渐降温,同时要注意室内通风换气。

(二)花卉耐热力同品种的关系

水生花卉耐热力最强,观叶花卉耐热力强,春天或秋天开花的植物耐热力较强,秋季栽种的球、宿根花卉耐热力差,温室花卉耐热力最差。温室花卉越夏困难,应采取有效措施保护,如搭设荫棚、盖双层帘、室内两面开窗、叶面喷水与地面洒水、修剪或改变播种时间等。

另外,花卉的耐热力与耐寒力是相关的。一般耐寒性弱的种类耐热力强,而耐寒性强的种类则耐热力弱。还有些花卉种类既不耐寒,又不耐热,冬天须在室内越冬,夏天必须进行特殊护理,如仙客来、吊钟海棠等。

二、花卉与光照的关系

光照是植物生存的必要条件,所以说没有光照,就没有绿色植物。赤、橙、黄、绿、青、蓝、紫等可见光与紫外线,是植物生命活动吸收的主要光线。赤、黄两种光对植物的光合作用效率最高;而紫光与紫外线却是形成植物色素的主要光能;红外线可促进枝条伸长,而紫外线却会抑制枝条伸长;漫射光有利于生长,而过强的直射光却有害生长。光照会影响植株的生长发育和叶片的颜色,多数植物在光照充足时花繁叶茂。因此,花卉植物在生长发育期间若光照不足或缺乏光照,会导致生长不良、开花不好或不开花。

(一)不同花卉对光照强度有不同要求

1. 阳性花卉

喜强光,不耐阴,不能忍受任何遮阴,必须在全日光照下才能正常地生长发育。若光照不足时,会发生枝叶徒长,组织柔软而不充实,叶色变淡,开花不良或不开花,花小、色淡、香味差,果实青绿等现象。露地一二年生花卉及部分温室花卉均属此类。如一串红、鸡冠花、月季、梅花、桃花、石榴、茉莉、牡丹、一品红、米兰、菊花、荷花、龙舌兰与仙人掌等。

2. 中性花卉

不喜强光,稍耐阴,微阴生长良好。如桂花、樱花、蜡梅、夹竹桃等。

3. 阴性花卉

不能忍受强光直射,要求遮阴度保持在50%,适合在光照不足或散射光条件下生长。如茶花、杜鹃、马蹄莲、万年青、吉祥草、玉簪花等。

4. 强阴性花卉

不能适应强光照射,要求遮阴度达80%,适宜荫蔽环境。如兰草与蕨类。

(二)不同花卉对光照时间有不同要求

1. 长日照花卉

长日照花卉原产于温带,多在夏天开花,每天要求 12 小时以上的光照才能开花,如果在发育期始终得不到这一条件,就不会开花。如球根花卉唐菖蒲,二年生草花金鱼草、金盏菊等。

2. 短日照花卉

短日照花卉原产于热带或亚热带, 多在秋冬开花, 每天只需 8～12 小时的日照就能开花,当日照时数超过 12 小时,就会推迟开花。如宿根花卉菊花、多浆植物蟹爪兰、木本花卉一品红等。

3. 中性花卉

中性花卉对日照的反应不敏感,只要温度适宜,生长正常,就会开花。如月季、大丽花、石竹、天竺葵等。

三、花卉与水分的关系

植物的一切生命活动都必须有水分参加。水是植物细胞的主要成分,是植物光合作用的主要原料之一。土壤里的营养物质必须被水溶解以后,才能被植物吸收利用。土壤水分不适时,会引起烂根、落蕾、花芽分化受阻,观赏价值降低。只有水分适宜时,植物生长发育才良好,才枝繁叶茂,花香色艳,观赏价值高。

根据花卉对水分的需要量,可以将花卉分为以下 4 种类型。

1. 水生花卉

喜缺氧环境,生活在浅水中或低洼的沼泽中。如荷花、睡莲、水葱、石菖蒲等。

2. 湿生花卉

喜潮湿环境,要求空气湿度高,土壤湿度大,浇水应宁湿勿干。如水仙与蕨类等。

3. 中生花卉

根多为肉质,枝叶多有绒毛,叶多呈革质或蜡质,要求湿润的土壤和适当的空气湿度。属于这一类型的大多数花卉，浇水宜间干间湿。如玉兰、广玉兰、蜡梅、桂花、茶花、杜鹃、紫薇、扶桑、含笑、米兰、君子兰、龟背竹、文竹、茉莉、兰花、夹竹桃等。

4. 旱生花卉

它们原产在经常性或季节性水分不足的地方，在长期的历史发育过程中，植物组织结构发生了适应干燥环境的变态，形成"多浆、多肉"的茎或叶，并有强大的根系。它们能适应长时间的干旱，如仙人掌类、景天类、龙舌兰等。这类植物在培管时应宁干勿湿。

四、花卉与空气的关系

(一)空气成分与花卉生长的关系

空气由78%氮气、21%氧气、少量二氧化碳、水蒸气及微量稀有气体组成。其中二氧化碳是植物光合作用的原料，氧气是植物呼吸作用所必不可少的，但二氧化硫、一氧化碳、氟化氢、氯化氢、臭氧及过量的二氧化碳，均有害于植物的生长发育。生命活动离不开呼吸作用，没有空气，花卉植物就无法生存下去。新鲜空气是花卉正常生长发育的必要条件。若在温室里增加少量二氧化碳，会增强植物的光合作用，使其生长健壮，开花好。

(二)影响呼吸作用的因素

呼吸作用的强弱因花卉植物的种类和品种、组织器官、生长发育阶段的不同而不同，并受气候等多种因素的影响。湿生花卉、阳性花卉比旱生花卉、阴性花卉的呼吸强，繁殖器官比营养器官的呼吸强，种子萌发期比幼苗期的呼吸强，花卉植物在春季比冬季的呼吸强。

(三)根具向氧性

土壤的透气性影响花卉植物根的呼吸，土壤中氧气的含量直接影响根的生长和植株的生命活动。当土壤板结时，根系呼吸作用所释放出的二氧化碳会聚集于土壤中，使二氧化碳与氧气的正常比例发生失调，既影响老根生长，也妨碍长出的新根，同时还导致大量有害的嫌气性细菌繁殖增生，使根腐烂，叶片失绿而脱落，植株死亡。要经常松土，使土壤透气性好，才可满足根对氧气的需要。

（四）空气污染

当空气被污染后，大量混入二氧化硫、一氧化碳、氟化氢、氯化氢等不良气体和重金属粉尘，不仅会严重影响人体健康，同时也极大地危害花卉植物的生长发育。氟化氢会引起植株矮化、落叶落花、不结实；氨气会引起植物叶缘枯黄；氯气会引起叶片产生斑点；沥青挥发性气体会引起花卉凋萎死亡；二氧化硫会引起叶片黄化脱落。重金属粉尘落到叶片上会发生烧伤，致使花瓣变黑甚至凋萎脱落。因此，要加强通风，增加光照，常松土。温室要注意防火道跑烟，禁止用明火，最好把炉灶隔开。应选栽抗烟尘的花卉。要积极开展防烟尘与回收污水的工作，为人们提供一个舒适清洁的生活工作环境。

五、花卉与土壤的关系

（一）花卉对土壤肥水的要求

（1）植物根系通过土壤，吸收生长发育所需要的水分和养料。

（2）花卉植物要求有一定肥力、疏松且排水良好的土壤。

（3）盆栽花卉宜用培养土。因为在盆栽的情况下，由于花卉根系活动的范围受到限制，因此，对盆土的质量要求更高。培养土一般要经过人工的配制，理想的培养土应该是营养丰富、通气良好和有一定的持水力。一般盆栽花卉用土可用腐叶土 3 份、园土 3 份、厩肥 2 份、糠灰 2 份配制而成。

（二）不同花卉对土壤酸碱度的要求

（1）喜酸性（pH 4 ~ 6）土壤的植物有杜鹃、山茶、兰花等。

（2）喜弱酸性（pH 5 ~ 6）土壤的植物有仙客来、秋海棠、朱顶红等。

（3）喜中性偏酸性（pH 6 ~ 7）土壤的植物有月季、金鱼草、茉莉、菊花等。

（4）喜中性偏微碱性（pH 7 ~ 8）土壤的植物有石竹、君子兰、天竺葵、仙人掌等。

检测题

1. 什么叫花卉?

2. 花由哪几部分组成?

3. 简述花卉在城市园林绿化中的作用和意义。

4. 花卉按其形态与习性分为哪几种? 按栽培方式与条件分为哪几种? 按观赏器官和部位分为哪几种? 按观赏方式分为哪几种?

5. 影响花卉生长发育的环境条件有哪些? 根据花卉对温度的要求可分为哪几种? 根据花卉对光照强度、光照时间长短的要求可分为哪几种?根据花卉对水分的要求可分为哪几种?

第二章 花卉繁殖技术

学习要求

1. 掌握花卉常用繁殖方法。
2. 掌握花卉有性繁殖的特点。
3. 掌握花卉无性繁殖的特点。

第一节　有性繁殖

用花卉的种子进行繁殖的方法，叫种子繁殖或播种繁殖或有性繁殖。有性繁殖具有根系发达，繁殖量大，生长健壮，但开花结果晚的特点。

一、采　种

一二年生花卉以播种育苗为主要的繁殖方式，宿根花卉、球根花卉等多用播种繁殖，因此，花卉种子的采集与储藏对栽培露地花卉十分重要。等种子充分成熟后，果皮水分减少、变干或变硬时采种，宜晴天上午露水干后进行，注意选收良种，采后应脱粒、阴干、去杂，避免机械混杂。

(一)采　种

1. 母株的选择

为了确保种子的质量，需要选择留种用的花卉植株(母株)，这些母株必须种性典型、品质优良、枝叶茂盛、无病虫害、正处壮年。

2. 采种时期的选择

花卉种类不同，种子成熟的时间也各不相同，作为繁殖用的种子，在采集前要鉴定种子的成熟度。采种过早，种子成熟度不够，影响发芽和生长；采种过晚，种子容易散失或霉烂。不同种类花卉种子的采收要掌握其成熟特征适时采收。有的具有颜色特征，如一串红种子呈深褐色、石竹种子呈黑色、牡丹种子呈黑色时即可采收。而有些种类，如凤仙花、蝴蝶花、飞燕草、矮牵牛、锦带花、丁香等，果实易开裂，需在开裂前及时采收，以避免种子散落。一串红、鸡冠花、金盏菊、雏菊等，其果实着生在花序轴上，种子采收应从下面或最外轮分多次采收。还有些花卉植物的种子是陆续成熟的，如枸杞、醉鱼草、一串红等，需随时观察，及时采收。采种宜在晴朗、无风的早晨进行。

(二)种子的调制处理

种子采收后,往往带有一些杂质,如果皮、果肉、草籽等,不易储藏,必须经过干燥、脱粒、净种、分级等步骤,才能符合储藏、运输及商品化的要求。

1. 脱粒

从果实中取出种子叫脱粒。干果类(如菊科花卉等)和球果类(如松柏等)的种子可用干燥脱粒法获得。肉质果类(如茄科、仙人掌类等)的种子可采用水洗取种法获得,即将果实浸入水中,用木棒冲捣使种子与果肉分离,将种子洗净后取出,干燥即可。

2. 净种

清除种子中的各种夹杂物,以提高种子的纯度。生产上常用方法如下:

(1)风选　用自然风或人工风,扬去空瘪种子和其他较轻的杂质;

(2)筛选　用不同孔径的筛子筛去和种子不同体积的杂物;

(3)水选　把种子浸入清水或盐水中,饱满种子下沉,剔除其他较轻的上浮杂物。

3 种方法在运用时应视种子的具体情况选用一种,也可几种方法结合使用。

3. 干燥

充分干燥的种子,生命活动大大减弱,能在较长时期保持种子的优良品质。种子干燥一般采用自然干燥法,根据种子性质不同,常用晾干或阴干。晾晒时选择晴朗天气,把种子平摊在晒场上,一般小粒种子摊晒厚度不宜超过 3 厘米,中粒和大粒种子不宜超过 10 厘米。为提高干燥效果,应每小时翻动 1 次,翻动要彻底,使底层种子的水分也能及时散发出去。晾晒干燥后的种子冷却后应及时入库。但经过水选及由肉质果中取得的种子忌日晒,只能阴干。除此之外也可采用红外线干燥法,此法具有速度快、质量好等优点，而且成本低、省工省时。

4. 分级

把同一批种子，按颗粒大小分类，称为种粒分级。一般可用不同孔径的筛子进行筛选分级。生产上常采用分级后的种子分别播种，可提高种子的利用率，使出苗整齐，植株生长发育均匀，便于培育管理。

（三）储　藏

种子采收后，由于各种原因而不能立即播种或销售时，就需要储藏。常用的储藏方法有以下几种。

1. 干藏法

将充分成熟的种子，干燥后放在纸袋、布袋或纸箱中，于冷室或干燥通风处保存。干藏法适用于储藏一二年生草本花卉的种子。

2. 干燥密闭法

将充分干燥的种子放在罐或瓶一类的容器中，密封后置于冷凉处保存。大部分观赏树木的种子都适于用干燥密闭法储藏。

3. 低温储藏法

将充分干燥的种子用塑料或铝制罐盛装，分层放置于架子上，置于 –2～4 ℃的冷藏室内保存。

4. 水藏法

一些水生花卉的种子，如睡莲、王莲等，必须储藏于水中或湿泥土中，才能保持种子的活力。

二、播　种

（一）种子播种前处理

播种前处理种子可以促使种子早发芽，出苗整齐。由于各种园林植物的种子大小、种皮厚薄、本身性状不同，应采用不同的处理方法。

1. 容易发芽种子的处理

万寿菊、羽叶茑萝和大部分仙人掌类种子都很容易发芽，均可直接播种，也可用冷水、温水处理以缩短种子的膨胀时间，加快出苗速度。冷水(0～30 ℃)浸种 12～24 小时,适于种皮较薄的种子。温水(30～40 ℃)浸种 6～12 小时,适于种皮较厚的仙客来、文竹、旱金莲等的种子。

2. 发芽困难种子的处理

有的大粒种子发芽困难,如美人蕉、鹤望兰等,它们的种皮较厚且坚硬,吸水困难,对这些种子可在浸种前用刀刻伤种皮或磨破种皮。大量处理种子时可用稀硫酸浸泡,用前一定要做好实验,要掌握好时间,种皮刚一变软,立即用清水将种皮表面的硫酸冲洗干净,防止硫酸烧伤种胚。

3. 发芽迟缓种子的处理

有些花卉种子,如文竹、君子兰、金银花等的种子出苗缓慢,在播种前应进行催芽。

4. 需打破休眠期种子的处理

有些种子在休眠时即使给予适宜的水分、温度、氧气等条件,也不能正常发芽,如荷花、月季、杜鹃等。对休眠期的种子可采用低温层积处理,把种子分层埋入湿润的素沙里,然后放在 0～7 ℃环境下,层积时间因种类而异,一般在 6 个月左右。如杜鹃、榆叶梅等需 30～40 天,海棠需 50～60 天,桃、李、梅等需 70～90 天,蜡梅、白玉兰等需 3 个月以上。经层积处理后即可取出,筛去沙土,或直接播种或催芽后再播。

(二)播　种

一二年生草花多用播种方法。一年生草花春天播种,二年生草花秋天播种。播种要求疏松、透气、保水力强的土壤或基质。苏铁等大粒种子,用点播;百日菊、金盏菊、牵牛花、紫茉莉等中粒种子,用条播;半枝莲、鸡冠花等小粒种子,必须拌沙或草木灰或细土,进行撒播。

三、幼苗管理

花卉幼苗期的管理极其重要,包括以下内容。

(一)间　苗

幼苗长出 2～3 片真叶时间苗,拔除细弱密集的幼株,可根据实际情况间苗一次或多次。

(二)移　苗

幼苗长出 3～4 片真叶时移栽,能促发侧根,使苗生长健壮,可根据需要移栽一次或多次。

(三)施肥与浇水

幼苗期的肥水管理很重要,关系到开花前营养生长的好坏,直接影响开花。春播花的营养生长期大约在 3～5 月,秋播花的营养生长期为 9～11 月。因此,在营养生长期必须加强施肥,一般 10～15 天追施一次腐熟的稀薄人粪尿。前期以氮肥为主,后期增施磷、钾肥。

浇水的水质以软水为好,一般使用河水,其次为池水及湖水,泉水不宜。城市里可以使用存放几个小时或在太阳下晒一段时间的自来水。不宜用污水浇花。每次浇水最好不要直接浇在根部,要浇到根区的四周,以引导根系向外伸展。

第二节　无性繁殖

用花卉植物的根、茎、叶等营养器官进行繁殖的方法,叫营养繁殖,也叫无性繁殖。其特点是植株生活力一般不及有性繁殖强,但能保持品种的优良特性。

一、扦　插

扦插是最主要的无性繁殖方法,适用于大部分花卉。

(一)枝　插

根据所用枝条的木质化程度可分为硬枝扦插和嫩枝扦插。

1. 硬枝扦插

硬枝扦插常用于落叶灌木，如月季。待冬季落叶后剪取当年生枝条作插穗，有条件的可在温室内扦插，或将插穗沙藏，于翌年春季扦插（图 2.1）。

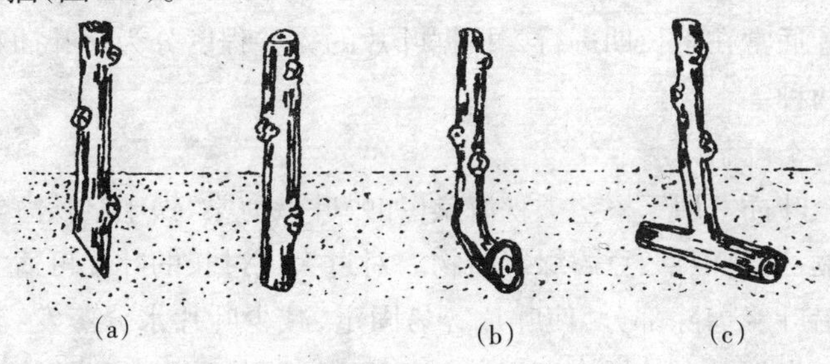

图 2.1　硬枝扦插
(a) 杆状扦插　(b) 踵状扦插　(c) 槌状扦插

2. 嫩枝扦插

嫩枝扦插一般用半木质化的当年生嫩枝作插穗，多用于常绿灌木，如比利时杜鹃、扶桑、龙船花、茉莉等。以梅雨季扦插最为理想，生根快，成活率高。肉质茎扦插时由于其一般比较粗壮、含水量高，有的还富含白色乳液，因此，扦插时切口容易腐烂，影响成活率。如蟹爪兰、令箭荷花等，扦插时必须将剪下的插穗先晾干后再扦插。而垂榕、变叶木、一品红等插条切口会外流乳汁，必须将乳液洗净或待凝固后再扦插（图 2.2）。

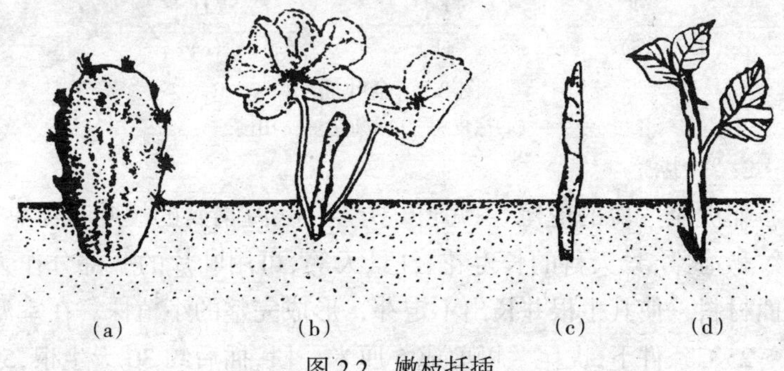

图 2.2　嫩枝扦插
(a)仙人掌　(b)天竺葵　(c)菊花　(d)月季

(二)叶　插

叶插时选用的叶片应成熟,插整片叶或一小片叶都可以,利用植物在叶脉、叶柄、叶缘等处产生不定根和不定芽繁殖,从而形成新的植株。叶插要求空气湿度大、土壤通气良好,温室花卉常用此法。

叶插常在生长期进行，根据叶片的完整程度分为全叶插和片叶插两种。

1. 全叶插

全叶插常用于根茎类秋海棠(如蟆叶秋海棠、铁十字秋海棠)、大岩桐、三色椒草、豆瓣绿等植物。对过大或过长的叶片可适当剪短或沿叶缘剪除部分,使叶片容易固定,减少叶片水分蒸发,有利于叶柄生根。全叶插在室温 20～25℃条件下,秋海棠科植物一般25～30 天愈合生根,多数种类需 50～60 天,个别种类需 70～100天长出小植株(图 2.3)。

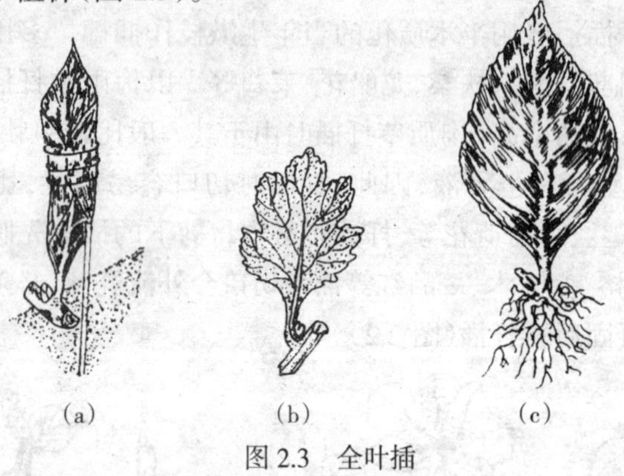

图 2.3　全叶插
(a)橡皮树　(b)菊花　(c)山茶

2. 片叶插

如虎尾兰属的虎尾兰、短叶虎尾兰,秋海棠属的蟆叶秋海棠、彩纹秋海棠,景天科的长寿花、红景天等,可用叶片的一部分作为扦插材料，使其生根并长出不定芽，形成完整的小植株。在室温20～25℃条件下,虎尾兰可剪成 5 厘米一段,插后约 30 天生根,50天长出不定芽(图 2.4)。蟆叶秋海棠可将全叶带叶脉剪成 4～5 小

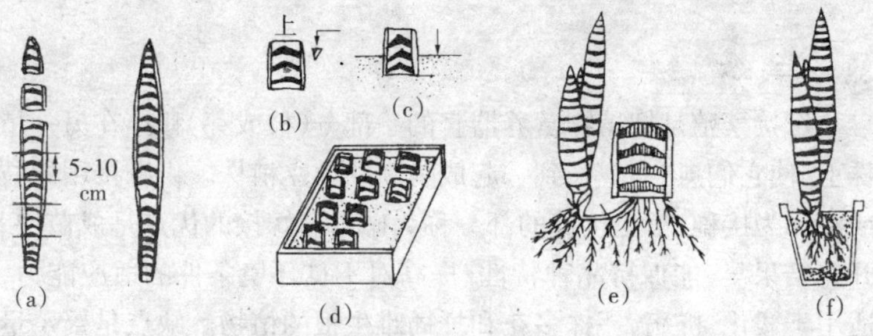

图 2.4　虎尾兰片叶插

(a)切插叶　(b)切成小片　(c)扦插　(d)沙床

(e)下部生根,上部长叶　(f)移栽到小盆

片，插后 25～30 天生根,60～70 天长出小植株。长寿花叶插后20～25 天生根,40 天长出不定芽。

(三)芽　插

叶芽扦插是用完整叶片带腋芽的短茎作扦插材料。

将壮枝上的饱满芽完整地切取下来,逐个插入沙内,仅芽尖露出沙面。应精细管理,注意喷水、遮阴、防风。适宜茶花、茉莉、橡皮树、标本菊等。

(四)根　插

在盆栽花卉中应用根插繁殖的种类不多，根插适于再生能力强的肉质根或直根系花卉,常见的有芍药、牡丹、非洲菊等。将根挖出,剪成 5～10 厘米长,斜插或水平插于沙床中,促使长出不定根和不定芽。根插时,根部越粗,其再生能力越强(图 2.5)。

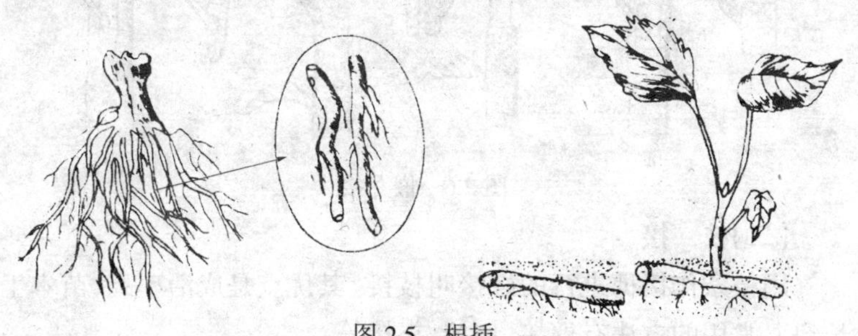

图 2.5　根插

二、嫁 接

嫁接繁殖是把植物营养器官的一部分(枝或芽)移接在另一植株上,使它们愈合、生长到一起成为新的独立植株。供嫁接用的枝或芽称为接穗,承受接穗的部分称为砧木。嫁接的优点是成苗快、开花结果早、能保持品种特性、提高对不良环境条件的适应能力,适用于矮化、抗病、一株多花和扦插难生根的植物。缺点是繁殖量小,手续繁杂,技术性高,植株寿命短。

嫁接一般在春、夏、秋 3 个季节进行。春接一般在春季发芽前 2～3 周进行,此时砧木根部和形成层已开始活动,树液已流动,而接穗上的芽尚未活动。夏接的时间因种类及地区的不同而有差异,一般在 6～9 月份进行。

嫁接的种类及方法按接穗的不同分为芽接、枝接和根接 3 类。

(一)芽 接

用芽作接穗进行的嫁接称为芽接。它节省接穗,对砧木粗度要求不高,技术容易掌握,成活率高。常用的芽接方法有带木质部嵌芽接、T 字形芽接、方块状芽接等,一般用 T 字形芽接为多。芽接在月季繁殖中广泛使用,砧木常用粉团蔷薇和多花蔷薇。芽接月季生长快,开花早,抗病性强,特别适用于盆栽观赏(图 2.6)。

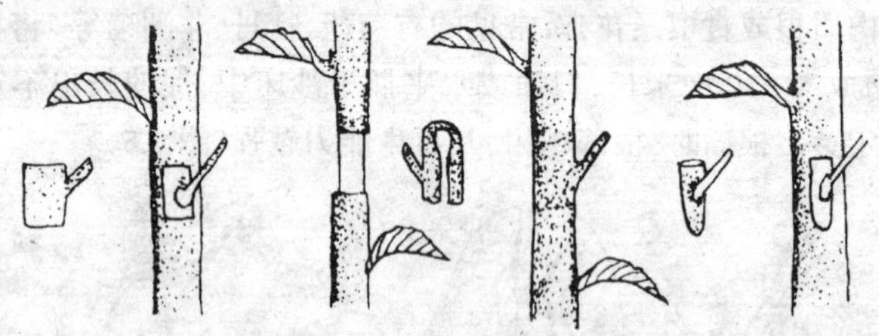

图 2.6 嵌芽接

(二)枝 接

用枝条作接穗进行的嫁接叫枝接。其优点是成活率高,苗木生长快。常用的方法有劈接、切接、靠接等。

1. 劈接

劈接在盆栽花卉中应用比较广泛，如大丽菊、比利时杜鹃等的繁殖。劈接通常在砧木较粗、接穗较小时使用。从砧木中心垂直纵切，切口基部呈楔形，削成的接穗恰好插入，使砧木和接穗的形成层接合。如砧木和接穗粗细不一时，也可对准一侧的形成层。劈接成活率高，接穗生长快，开花早(图 2.7)。

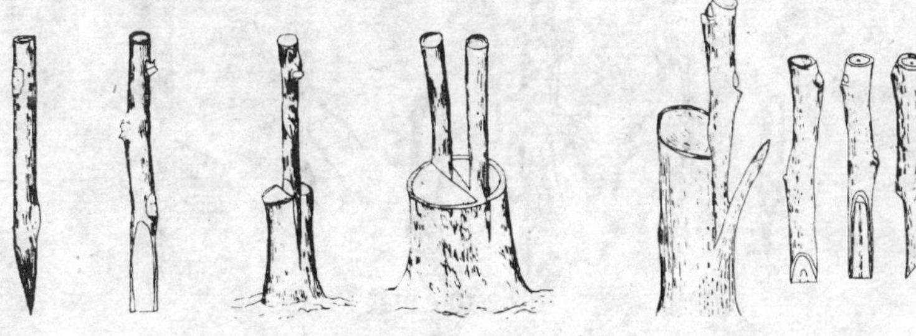

图 2.7 劈接　　图 2.8 切接

2. 切接

切接是枝接中最常见的方法之一，在盆栽山茶、扶桑、月季、垂榕中应用较多。通常在砧木粗度较细时使用，尤其是枝条髓部中空的种类。切接常在春季 2 月下旬至 3 月上旬进行(图 2.8)。

3. 靠接

靠接用于培育嫁接难以成活的珍贵树种，要求砧木与接穗均为自养植物，且粗度相近。接穗不脱离母株，把有根的砧木、接穗各削取枝干一部分，使削面密接愈合。这在盆栽白兰中最常用，砧木用紫玉兰或黄兰，靠接后 60～70 天即能愈合，与母株割离后就可成苗(图 2.9)。

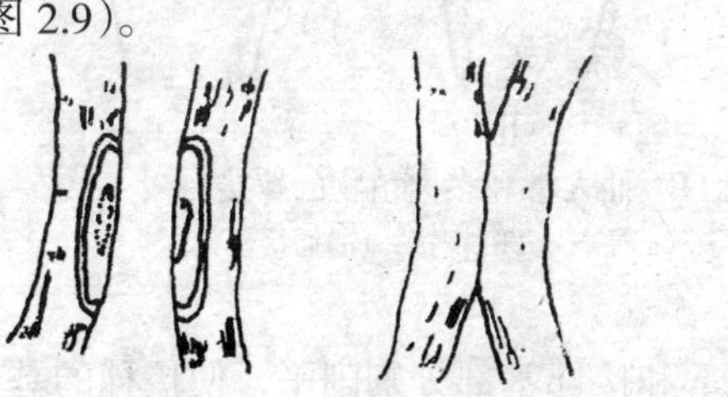

图 2.9 靠接

(三)根　接

根接是用根作砧木进行嫁接的方法,多在冬、春季进行。方法与劈接相同,但嫁接后要在室内用湿沙假植一段时间,等芽萌动抽生出嫩枝后再移栽到苗圃或直接上盆(图 2.10)。

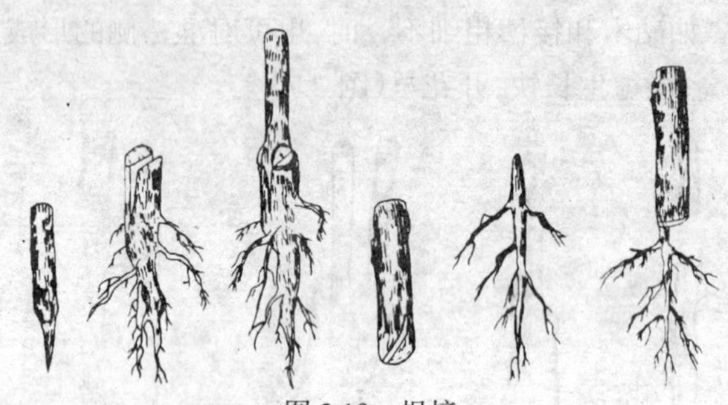

图 2.10　根接

(四)仙人掌和多肉植物的嫁接

仙人掌嫁接有生长快、开花早的特点,特别适用于生长慢、根系不发达和缺乏叶绿素、自身不能制造养分维持生命的白色、黄色、红色等园艺品种。嫁接还常用来繁殖缀化品种,培育新种和抢救良种。其嫁接方法有平接、楔接和插接(图 2.11)。

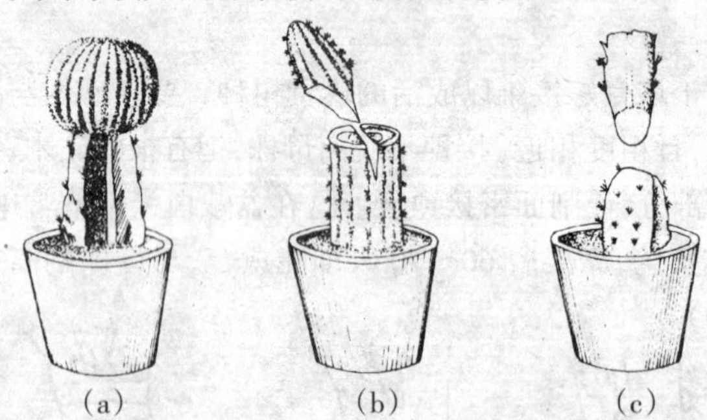

(a)　(b)　(c)

图 2.11　仙人掌和多肉植物的嫁接
(a)平接　(b)楔接　(c)插接

1. 平接

平接是将砧木顶部和接穗基部分别削平,使接穗的基部平放于砧木的顶部,对准中心柱,并用棉线将接穗与砧木绑扎紧,待愈合成活后松绑。绝大部分仙人掌类植物均可采用平接法，最常见的有绯牡丹、黄雪晃、世界图等，砧木常用量天尺和虎刺，从 5 月至 10 月均可进行。嫁接愈合快，成活率高。

2. 楔接

楔接常用于茎节扁平的附生类仙人掌植物，如蟹爪兰。先将砧木离盆口 20 厘米处削平，然后把砧木顶端部和接穗分别切成“V”形，将接穗轻轻嵌进砧木，用仙人掌的长刺或经消毒的竹刺固定。砧木以量天尺和梨果仙人掌为宜。

3. 插接

插接适于用仙人掌或三棱剑作砧木，将砧木和接穗分别切成 60°角的切面，然后把接穗切面贴向砧木的斜面，用仙人掌长刺固定。此法常用来繁殖仙人掌、蟹爪兰等。

嫁接后的管理主要有挂牌、检查成活率、抹芽、剪砧、解除绑扎物等工作。此外还要及时除草，加强水肥管理和病虫害防治，必要时也可以设立支架保护接穗，以免被风吹折。

三、压　条

压条繁殖是将未脱离母株的枝条，在预定的发根部位进行环剥、刻伤等处理，然后将该部位埋入土中或用湿润物包裹，使之长出新根，剪离母株后成为独立的新植株。压条由于繁殖系数低，常用于扦插生根困难或嫁接愈合成活率低的植物。压条一般在春季（3～4 月）进行，常绿木本观赏植物也可在夏季（6～7 月）进行。

常用的方法有壅土压条法、平卧压条法、空中压条法等。

（一）壅土压条法

此法常用于基部分枝多、直立性、多萌蘖或丛生性强的植物，如蜡梅、茉莉等。在休眠期，将母株近地面 10～20 厘米处重剪，促发大量新枝，等新枝长到 20 厘米时将其刻伤，在母株基部堆土 20～30 厘米，保持土壤湿润。翌年生根后，可分离成新植株（图 2.12）。

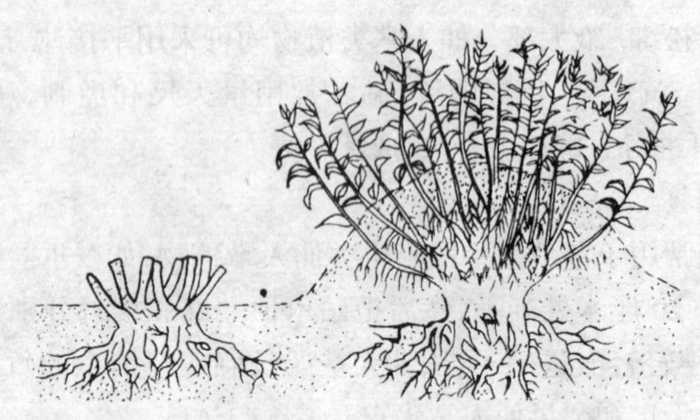

图 2.12　壅土压条法

(二)平卧压条法

此法适于枝条长、软的植物。将茎部近地面的一二年生枝条的下部弯曲埋入土中,深度为 15～20 厘米,使枝条的顶端露出地面,并将埋入地下部分予以刻伤或环状剥皮，若用吲哚丁酸等生根剂处理,效果更好,待生根后与母株切离。常用于藤本月季、八仙花、迎春、常春藤、合果芋等的繁殖(图 2.13)。

图 2.13　平卧压条法

(三)空中压条法

此法又称为高压法,应用最普遍,适用于基部不易产生萌蘖、枝条较高或枝条不易弯曲的植物,如山茶花、桂花、米兰、变叶木等。空中压条应选择发育充实的枝条和适当的压条部位,数量不超过母株枝条的 1/2。高压最好在春末夏初进行,一般选 2 年生的健壮枝条在节下进行环状剥皮或刻伤,深达皮层,宽为枝径的 1.5～2 倍;经用生根激素处理后,在切口下端约 5 厘米处,绑好塑料薄膜,再反卷上去，内填苔藓或泥土，扎好上口，稍留缝隙，以便于浇水与承接雨水。使基质经常保持湿润，至秋季生出根系后切离地植或盆栽(图 2.14)。

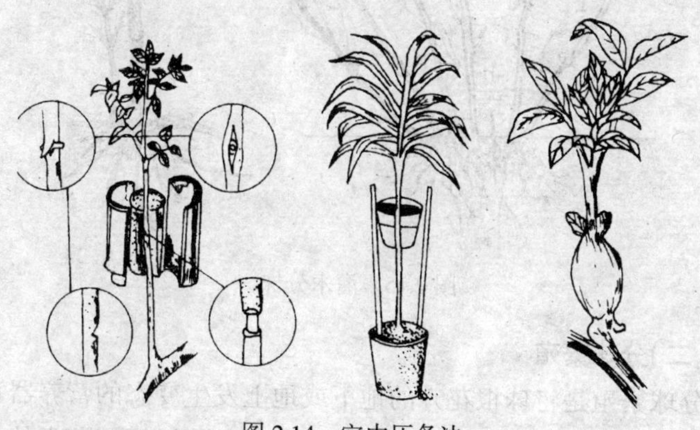
图 2.14　空中压条法

四、分　生

利用植物的分生能力，对于丛生、萌蘖性强及球根类的园林植物进行分离栽植以繁殖新个体的方法，统称为分生繁殖。分生繁殖具有保持品种优良特性、成形早、见效快、简单易行等优点，但繁殖量小。

(一)分株繁殖

分割自母体发生的根蘖、茎蘖、吸芽、走茎及根茎等另行栽植成一新株。多用于丛生性强的灌木和萌蘖性强的多年生草本花卉。如玫瑰、牡丹、棕竹、一叶兰、菊花、吊兰等，均可用此法繁殖。

分株的时期一般为春季开花的于秋季进行分株；而秋季开花的则于春季进行分株。秋季分株应在地上部分已进入休眠，而地下部分仍处于活动阶段进行为好。如牡丹、芍药的分株以 9～10 月间最好；春季分株应在发芽前进行，如玉簪等。

分株时，对于丛生性强的灌木，可将母株连根挖起，用利刀或利斧分成几份，略经修剪后，分别栽植(图 2.15)。

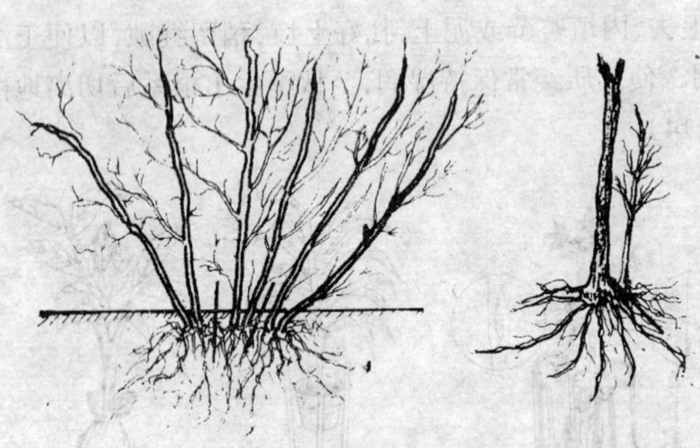

图 2.15 灌木分株

(二)分球繁殖

分球繁殖是将球根花卉的地下或地上发生变态的营养器官从母体分离,成为独立植株。如根茎类的美人蕉、碗莲,球茎类的小苍兰、番红花,鳞茎类的风信子、百合、朱顶红、黄水仙,块茎类的黑叶观音莲、花叶芋,球根类秋海棠,块根类大丽菊。分球繁殖一般在春、秋季植物生长较慢时或休眠期进行。

1. 自然分球(珠芽、子球)

球根类花卉在老球上边或侧面能长出新球(子球),将其分离栽培即长成新植株。卷丹及沙紫百合等叶腋间,可产生许多小鳞茎,通常称为珠芽。在生长期间摘取珠芽插在繁殖床内,经 2 年培养可开花。如水仙、黑叶观音莲、花叶芋、球根秋海棠、大丽菊等常用此法繁殖。分球繁殖一般在春、秋季植物生长较慢时或休眠期进行。

2. 球根分割法

根茎类如美人蕉等,可依根茎上的芽数分割成几块进行栽植,当年就能开花。块根类如大丽花等,分割时每块根连带着芽切开,再进行栽植(图 2.16)。

具体的操作方法详见本丛书中《初级苗圃工》分册。

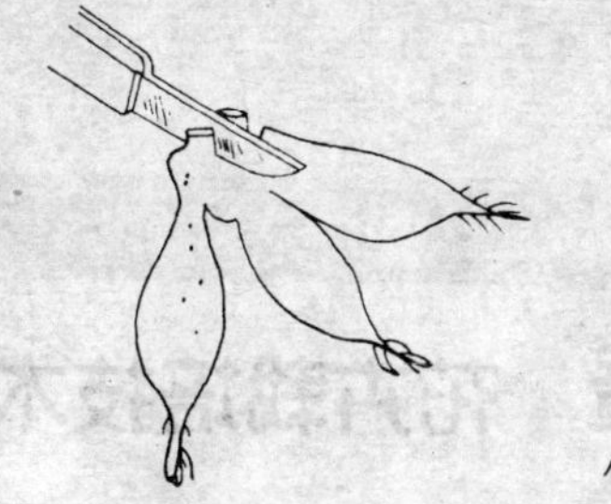

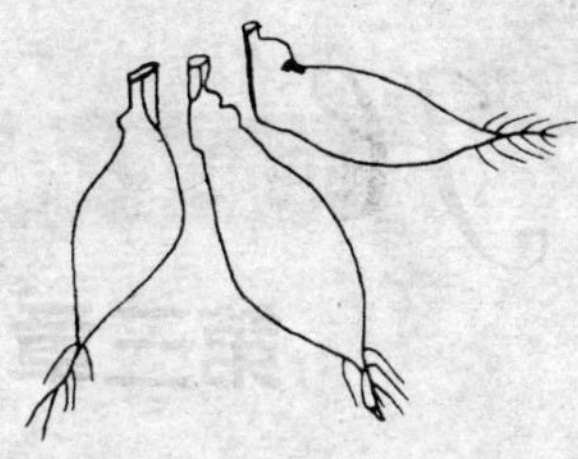

图 2.16　球根分割法

检测题

1. 花卉的繁殖方法有哪些？

2. 播种繁殖的方法有哪几种？幼苗应如何进行管理？

3. 扦插繁殖的方法有哪些种类？

4. 花卉有性繁殖有哪些特点？

5. 花卉无性繁殖有哪些特点？

Huahui Zaipei Jishu

第三章　花卉栽培技术

学习要求

1. 了解花卉栽培的生产设施。
2. 掌握园林绿地中常见花卉的栽培管理技术。
3. 掌握常见盆栽花卉的栽培管理技术。
4. 了解花卉常见病虫害及其防治方法。

第一节 园林花卉的栽培管理

园林中花卉一定要合理地养护管理，才能生长良好和充分发挥其观赏效果。园林花卉的栽培管理主要有栽植与更换，土壤改良，施肥，浇水，修剪与整理等几项工作。

一、栽植与更换

作为重点美化而布置的一二年生花卉，全年需进行多次栽植与更换，才可保持其鲜艳夺目的色彩。必须事先根据设计要求进行育苗，至含蕾待放时移栽花坛，开花后给予清除更换。

球根花卉按种类不同，分别于春季或秋季栽植。由于球根花卉不宜在成长后移植或花落后即掘起，所以对栽植初期植株幼小或枝叶稀少的种类，可在其株行间配植部分一二年生花卉，以覆盖土面，并以其枝叶或花朵来衬托球根花卉，使之相得益彰。适应性较强的球根花卉在作自然式布置种植时，不需每年采收，如郁金香隔2年、水仙隔3年、石蒜类及百合类隔3～4年掘起分栽一次，作规则式布置时应每年掘起更新。

宿根花卉包括大多数岩生及水生花卉，常在春季或秋季分株栽植，根据生长习性的不同，可2～3年或5～6年分栽一次。

地被植物大部分为宿根性，较粗放，其中一二年生的草本植物如选材合适，一般不需较多管理，可让其自播繁衍，只在种类比例失调时补播或移栽小苗即可。

二、土壤条件与改良

园林绿地中的土壤为露地土，其养分属中下水平，而且是一个开放体系，很少设有防护设施。游人对土壤的践踏，使土壤板结紧实，通透性差，成为植物生长的限制因素。另外露地土砾石含量高，极端含量常高达60%，容易造成植物生长受阻，发育不良。

露地土由于组成物比较复杂，侵入体含量高，管理粗放，加上游人的破坏等，土壤物理性状差，养分低，尤其是速效养分含量低，易致一些园林植物发生生理障碍。所以，露地土应是重点改良的土壤。

改良方式：首先，是对露地土采取保护措施，减少游人的破坏，为园林植物生长创造一个较好的土壤环境。种植绿篱和草坪，实行乔、灌、草多层次绿化，是保护露地土的一种好形式。它不仅可以保护土壤免受游人践踏，增大绿化面积，美化环境，更重要的是，这种立体绿化方式，改善了植物的生长环境，使植物生长在一个类似于自然的环境之中，通过生物自身的调节和富集作用，加上人为的精心管理，逐渐提高土壤肥力。第二，严格把握进土质量。对于新辟的绿地，若需从异地运土铺垫，必须严格把握进土质量，选用熟化度较高的土壤，切忌将大量的建筑碎屑和下层生土带进绿地。若使用城市垃圾，也须事先进行分选。第三，对于砾石含量大，严重影响植物生长的土壤，应采取“换土”的办法，清除土壤中夹杂的砾石，填入适量泥炭及腐质土等，并加强施肥和管理，以改善植物的营养条件。

三、施　肥

对于多年生花卉的施肥，通常是在分株栽植时作基肥施入。一二年生花卉主要在圃地培育时施肥，移至花坛后仅供短期观赏，一般不再施肥；如果花期较长者可在移植到花坛后追施液肥1～2次。

四、浇　水

园林花卉浇水主要根据气候情况及其应用形式而定。如由五色苋组成的立体花坛须保证一天之内2次喷水，而一些花丛或花坛根据应用的位置和方式而采用不同浇水次数。在岩石园中，由于应用的植物抗旱性强，并且为控制其生长，应减少浇水次数。

五、修剪与整理

在圃地培育的草花一般很少进行修剪，而在作园林布置时，要使花容整洁、花色清新，修剪是一项不可忽视的工作。要经常将残花、果实（观花者如不使其结实，往往可延长花期）及枯枝、黄叶剪除；毛毡花坛需要经常修剪，才能保持清晰的图案与适宜的高度；对易倒伏的花卉需要设支柱；其他宿根花卉、地被植物在秋冬茎叶枯黄后需要及时清理或刈除；需要御寒覆盖的可利用这些干枝叶，但应防止病虫害藏匿并注意美观。

第二节　盆栽花卉的栽培管理

盆栽花卉是以盆栽形式装饰居室、厅堂、庭院和园林的一类花卉，如君子兰、茉莉等。

一、盆栽花卉的优点

盆花是花卉装饰的基本材料，它有以下优点：

（1）可根据所要装饰的对象、环境等进行不同的构思、设计、布置、施工。

（2）具有相当程度的可改变性、可移动性，布置和更换方便，可迅速美化环境。

（3）种类繁多，形式多样，花径、花形、花色、叶形、叶色、株形、株态等变化多端，可使布置形式丰富多彩。

（4）在不同的环境条件下都有相适应的盆花种类。

（5）一般花期长且四季都开花的种类，可以保证四季常青。

（6）不仅利用了植物材料，也结合利用了某些园林装饰手段和材料，如假山、叠石、水池、水景等。

二、基本栽培措施

(一)盆栽土的配制

1. 盆栽土的常用配制材料

(1)泥炭　一般常用的是低位泥炭。它具有吸水性强、容重小、富弹性、孔隙多、有机质多且氮、磷、钾含量丰富的特性,pH值呈微酸到中性,是理想的盆栽土材料。

(2)腐叶土　由落叶、枯草、稿秆等与土堆积发酵腐熟而成。腐熟后过筛,晒干备用。它具有腐殖质丰富、物理性状良好、土质疏松、偏酸性等特点。

(3)厩肥土　由人畜粪便、禽鸟粪与泥土杂草等,经过堆积发酵腐熟晒干而成。其富含养分和有机质。

(4)垃圾土　倒盆后的废土,再补加粪肥堆积,腐熟后过筛晒干备用。

(5)炭渣　孔隙大、通透性好,用时捣碎过筛。

(6)园土　经人工栽培熟化的壤土,多团粒结构,通透性良好,

(7)河沙　有利于通气排水,用前需用清水淘洗除去杂质。一般粗沙比细沙为好。

(8)锯末　具有重量轻、通气性好、保水保肥力强等特点,多与泥炭等混合使用。

(9)蛭石　是将云母经短期高温(1 000 ℃)加热处理而成。其孔隙度大,吸水体积为蛭石本身体积的2～4倍,保水力强,无杂质及病虫害带入,长期使用会释放少量盐分。

(10)珍珠岩　将火山形成的熔岩,经2 000 ℃的高温处理而成,其他性质同蛭石。

2. 盆栽土的配制原则

配制盆栽土时,应使混合的基质具有较好的稳固性和通透性。一般要求总孔隙度为50%或稍大,大孔隙占总体积的15%为好;质轻疏松、容重小;养分齐全比例适当。由于盆栽植物盆内土壤养

料有限,加之花卉植株小,吸收的养料又少,故应逐步供应养料以利吸收,一般采用迟效肥料;另外还应考虑肥料的成分和比例。氮、磷、钾[illegible]适当,一般为氮、磷、钾之比为 4 : 1 : 3;大量元素与微[illegible]要适当,各营养元素间不产生对抗作用。pH 值适当,[illegible]值必须符合植物的要求。

[illegible]幼苗(播种苗或扦插苗等)移入花盆中栽培,或将露地[illegible]的花卉移到花盆中栽培,称为上盆。上盆时,首先根据幼苗的大小或植株根系的多少选择相应规格的花盆。掌握小苗用小盆,大苗用大盆的原则,否则盆太小,土、肥、水供应不足,使根系发展受到限制;盆太大会给管理带来不便,使浇水量不容易掌握,不是缺水就是积水,不利于植株生长。其次要注意,若是新花盆,使用前必须入水浸泡 1～2 天,以退水去碱,防止盆壁强烈吸水而损伤花卉根系;若是旧花盆,必须刮干净,清除盆壁黏附的泥土及青苔,用清水冲洗干净,这样有利于透气、渗水。

刚上完盆的盆花应放在荫棚下,枝叶上适当喷洒水雾,保持盆土湿润,以利缓苗。幼苗或植株枝叶挺立舒展、恢复生长后,即可进行常规管理。

(三)换　盆

把盆栽植物换到另一盆中去的操作称为“换盆”(图 3.1)。

图 3.1　换盆

换盆有两种情况:一种是随着幼苗的不断生长,枝叶量显著增多,冠幅增大,根群在盆内土壤中已无伸展的余地,需要及时由小盆换到大盆中，以扩大根群的营养容积，利于苗株继续健壮生长；另一种是已经充分成长的植株，经过几年以后，原来盆中的土壤养分丧失，或被老根充满，为修剪根系和改善根部的营养状况，不移入大盆而是换上同样大小的新盆另行栽植，这种换盆又称为翻盆。

由小盆换入大盆时，应按植株发育的大小逐渐换入较大的盆中，但不要换入太大的盆里，否则费工费料，成本高，而且水分不易调节，植株根系通气不良，生长不充实，花蕾形成较迟，着花也较少。

由于换盆改善了根系的营养面积，改良了栽培土壤的理化性能，使根系复壮，因此适当的换盆能使植株强健，生长充实，高度较低，株形紧凑，花繁色艳。一般宿根温室花卉一年换盆 1 次，木本温室花卉二年或三年换盆 1 次，时间一般在秋季植株停止生长后或春季植株开始生长之前进行，通常在春季进行。常绿花卉可在初夏或雨季，或花期过后换盆。

换盆后要保持土壤湿润，第一次水要浇透，以使根部与土壤接触紧密。以后浇水则不宜过多，因为换盆后植株根系易受伤，特别是修剪过根的植株，若这时浇水多，易使根部伤口腐烂，应待新根生出后再逐渐增加浇水量。初换盆时，也不可使盆土干燥，否则容易造成植株枯死。换盆后的最初 7～10 天，宜放置在荫蔽处。

(四)转　盆

在室内放置的盆花，如长时间不转动，则植株偏向光线投入的方向，形成偏冠现象。这种偏斜的程度与速度又和植物生长的速度有很大关系，生长快的盆花，偏斜的速度和程度就大些。为了防止这种偏冠现象的产生，应该每 20～40 天将盆花转动 180°，从而矫正偏向一方的缺点(图 3.2)。

在露地放置的盆花也应该转盆，以防止根系从盆底排水孔穿出而扎入土中，否则移动时容易将花卉的根拉断而影响生长或致萎蔫枯死。

(五)松　盆

用金属工具(如小铁耙等)或竹片将盆土表面疏松，使因不断

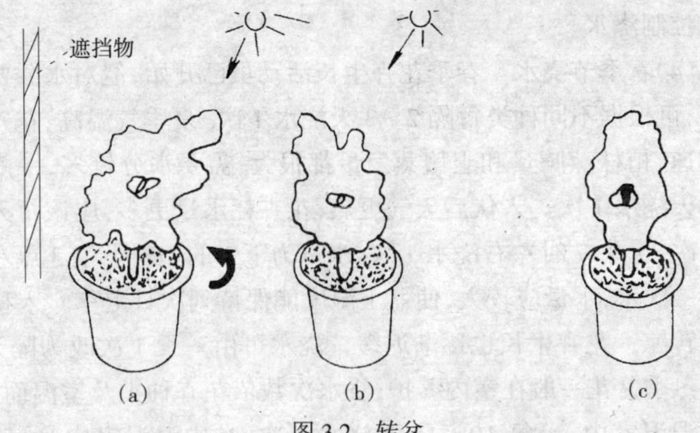

图 3.2 转盆

(a)转盆前 (b)转盆后 (c)经常转盆

浇水而板结的土面松开,以利空气流通,促进根系的发育;同时可以清除杂草和青苔,也有利于浇水和施肥。

(六)浇 水

1. 浇水的原则

(1)看天浇水 为盆花浇水,对于一天之内的气候变化和每个季节的气候变化,都要密切注意。如阴天湿度大,温度往往也不高,花卉蒸腾量和土壤蒸发量都较少,浇水量就要减少,甚至不浇水。晴天炎热,湿度也低,花卉耗水量大,浇水次数及浇水量要相应增加。干旱季节要多浇水,雨季要防涝。

(2)看土浇水 根据盆土的干湿情况浇水,干则多浇,湿则少浇。一般检查盆土的干湿,可用手敲盆,根据音响来判断是否需要浇水。当敲盆发出清脆的声音时表示盆土已干,需要浇水。此外,当施用较多肥料后, 浇水量也必须加多, 以免土壤溶液过浓造成反“渗透”而引起“烧根”现象。

(3)看花浇水 花卉是否缺水,或浇水量是否过多,可从它的外部形态表现出来。如果叶子萎蔫即是缺水,萎蔫的程度说明缺水的轻重。如花卉徒长,则说明水分太多;叶片黄而薄,则要根据情况判断,有的是缺水,有的则是水多。根据花卉形态,可判断决定是浇水或控制浇水。

(4)看季节浇水　春季花卉生长活动虽已开始,但对水分要求不多,可根据不同种类每隔 2～3 天浇水 1 次。夏季气温高,花卉生长迅速,植株蒸腾量和土壤蒸发量都很大,需要水分较多,一般应该每天浇水 1 次。入伏后天气更热,花卉耗水量更多,应该每天浇水 2 次。上午 7 时左右浇水 1 次,水量为下午的 1/2;下午 3 点左右浇第二次水,水量应较大,使盆土湿度能保持到次日上午。入秋后天气转凉,花卉生长也逐渐迟缓,浇水可由一天 1 次改为隔天 1 次。冬季盆花一般在室内养护,浇水次数依花卉种类及室温而定。在低温温室内,可每 10～15 天浇水 1 次;在中温温室内,一般每 1～2 天浇水 1 次;在日光充足而温度稍高的温室内,浇水要多一些。

2. 浇水量

花木上盆后,第一遍水一定要水量大,浇得足。这样既能使花卉根系与土壤密切结合,便于吸收水分和养分,迅速恢复生长,又能够防止“腰截水”的产生。腰截水是由于浇水量少,水分只能下渗到盆土的上半部,造成上部盆土紧密,下部盆土疏松的现象,再浇水时往往难于下渗,使盆土上部积水而下部干燥。如果出现这种情况,可以用“通条”将盆土扎出孔洞,然后浇水。

在花卉正常生长期间,要掌握间湿间干的原则,即浇水时要使盆土有干有湿,既不要始终湿透,也不要长期干旱,而要干湿相间。这种浇水方法符合大多数花卉生长的需要,而要做到间湿间干,要掌握两个“透”字,即在盆土行将干透时再浇水,要浇足、浇透。

3. 浇水的温度

为盆栽花卉浇水,水温最好与空气温度、土壤温度差不多,或者相同。因此,盆栽花卉栽培量较大时,应设有储水池或大水缸,将水注入池内或缸内,以提高水温。

4. 浇水的方法

浇水按其方式不同,可分为洒水、找水、放水、喷水、浸水、扣水等。

(1)盆栽花卉多用喷壶洒水。在室外养护阶段,每天全面洒一次透水。水量以浇完即很快渗完为好。

(2)找水是指补充浇水，即寻找到个别缺水的植株，给它们补浇水，以免发生凋萎。

(3)放水是指在生长旺季结合追肥加大浇水量，以满足枝叶生长的需要。

(4)喷水是指对一些生长缓慢或要求空气湿度较大的植物进行的浇水方法。喷水不仅可以清洗叶面上的粉尘，降低温度，还可以提高空气相对湿度。

(5)浸水是指用花盆播种花卉时，一般多用浸盆法补充水分。

(6)扣水是指少浇水或不浇水，草本花卉又称为蹲苗。扣水可促使枝条生长健壮，防止徒长和开花繁多，并可提前开花。如在植物换盆后根系被修剪而伤口尚未愈合时、花芽进行分化时，以及盆栽植株入室前后，多用扣水法。

对过分干旱而萎蔫的花卉补充水分时，首先应将它置于阴凉潮湿的地方，先浇少量的水，然后逐渐增加浇水量，使其缓慢复原，切不可一开始就大量浇水，否则会导致严重落叶、落花或落果，甚至导致植株死亡。

(七)施 肥

随着花卉栽培事业的发展，适用于盆栽植物施用的专用花肥应运而生，如国产的育花灵、花友、花乐、叶面宝和国外产的花宝等。这些合成的专用花肥含有多种营养成分，有固态和液态两大类。固态花肥多制成棒状、丸状或片剂状，施用时直接埋入盆土中，极为方便，有效期可达半年之久。液态花肥多为瓶装浓缩液，按比例加水稀释，浇施于盆土或喷洒于叶面上，肥力高，见效快，是理想的盆栽植物用肥。专用花肥在成分和含量上有多种配方，有的适用于观叶植物，有的适用于观花植物，在购买时应注意选择。不同花肥有不同的施肥方法，下面作简要介绍。

1. 拌施

将有机肥料和无机肥料按比例混合拌匀，在盆的底层或盆的四周作基肥施用，让肥分逐渐分解释放而被植物吸收；也可将有机肥料和无机肥料与土壤或其他基质充分拌匀后作培养土使用，但注意肥分不要过量，以免伤害根系。

2. 液施

将各种有机肥料，如腐熟的人粪尿或饼肥水、无机肥料、复合肥及液态专用花肥等，以一定的比例加水稀释后浇施盆苗，作追肥施用。液施肥力均匀，容易被根系吸收，见效快，但要注意液肥不能太浓，否则极易烧伤根系，造成肥害，一般应以薄肥勤施为好。

3. 撒施

把经发酵过的饼肥或颗粒状的复合肥等均匀地撒在盆土表面，待其慢慢溶解渗入土中被植物吸收。此法操作方便，但一次撒施量不能过多。

4. 喷施

用稀释的无机肥料或液态花肥，喷洒于植物的叶片上，使营养物质从叶部进入体内，直接参与植物的新陈代谢和有机物的合成过程，因此，又称为根外追肥。实践证明，叶面施肥效果比土壤施肥更为迅速有效。此法特别适用于某些根系吸收能力较弱的种类和附生植物，如喜林芋、附生凤梨、附生兰等，也常用作治疗植物缺素症的有效方法。

5. 穴施

先在花盆边缘挖 2～3 个小穴，穴深约为盆土深度的 2/3，将棒状、丸状或片剂状固态花肥放入穴内，再覆上土即可。此法肥力损失少，肥效稳而持久，是比较理想的盆栽植物施肥方法。

（八）整形修剪

盆栽花卉的根部营养面积有限，若任其自然生长，不仅枝条杂乱不美观，而且往往造成地上部分与根部营养比例失调和枝叶疏密不匀，影响通风透光，且容易发生病害。因此，要进行合理的整形修剪，以调节其生长发育。

常用方法主要有剥芽、去蘖、短截、摘心、除叶、疏果、整形等。

三、休眠期管理

不同的花卉在不同的时期休眠。首先要掌握各种花卉的生长习性,然后才能进行适时的管理。对夏季休眠的盆花,应该控制浇水、降低温度、不施肥,待其度过休眠期后再换盆并逐渐浇大水并施肥,转入正常管理。对冬季休眠的盆花,也应少浇水,不使室温过高,不施肥料。

第三节 观叶植物的养护管理

观叶植物是指以叶片的形状、色泽和质地为主要观赏对象,具有较强的耐阴性,适宜在室内散射光条件下较长时间陈设和观赏的一类植物。根据性状不同,观叶植物可分为木本观叶植物,如苏铁、南洋杉、印度橡皮树、棕竹等;草本观叶植物,如肾蕨、秋海棠、文竹、蜘蛛抱蛋等;藤本观叶植物,如洋常春藤、绿萝、喜林芋等。

一、观叶植物的优点

观叶植物种类非常丰富,已利用的种类和品种达 1 400 种以上,是当今世界室内绿化装饰的主要植物材料。这些观叶植物大多原产于热带地区,也有的原产于亚热带地区,具有以下优点:

(一)耐阴性强

在室内低光照条件下,一般观赏植物无法生存,而大多数观叶植物能较长时间适应环境,并且正常生长,不会大幅降低观赏价值。

(二)观赏期长

观叶植物以叶片为观赏对象,因此观赏期长,一年四季只要有叶,均可观赏。

(三)管理简便

观叶植物管理粗放,省工省时,适应当前紧张的生活节奏。

(四)适合各种装饰需要

观叶植物种类繁多,姿态多样,大小齐全,风韵各异,能满足各种场合绿化装饰的需要。

二、观叶植物的生态习性

由于观叶植物来源于世界各地,其原产地的环境有很大不同,因此它们的生态习性也各不相同，在栽培中要根据其特性来管理和应用。

(一)对温度的要求

温度是观叶植物生长的重要环境条件，特别是冬季的最低温度,是观叶植物生长的限制因素。通常根据观叶植物对温度的要求不同可分为以下几种:

1. 高温观叶植物

这类植物对温度要求较高,冬季室内温度要保持在 10～15 ℃才能安全越冬,如香龙血树(巴西木)、花叶万年青、变叶木等。

2. 中温观叶植物

要求冬季有 5～10 ℃的温度,如印度橡皮树、朱蕉、龟背竹、虎尾兰等。

3. 低温观叶植物

能耐 0～5 ℃的低温,如肾蕨、苏铁、棕竹、吊兰、蜘蛛抱蛋等,可在一般室内越冬。

4. 耐寒观叶植物

能耐 -5～0 ℃的低温,如万年青、洒金珊瑚、洋常春藤等,在南方可露地越冬,但在较寒冷地区,仍需加以保护。

(二)对光照的要求

植物的光合作用是其生长发育的基础，每种植物都有一个最适合进行光合作用的光照强度。根据观叶植物对光照强度的需求程度,可分为强耐阴、耐阴、半耐阴和不耐阴(阳性)4 类。

1. 强耐阴观叶植物

在光照强度 140～1 900 勒克斯的室内环境下，强耐阴观叶植物可放置 50 天以上，如香龙血树、棕竹、蜘蛛抱蛋等。

2. 耐阴观叶植物

在光照强度 140～1 900 勒克斯的室内环境下，耐阴观叶植物可放置 30～50 天，如八角金盘、洒金珊瑚、印度橡皮树、花叶荨麻等。

3. 半耐阴观叶植物

在光照强度 140～1 900 勒克斯的室内环境下，半耐阴观叶植物可放置 10～30 天，如朱蕉、秋海棠、花叶水竹草等。

4. 不耐阴观叶植物

在光照强度 140～1 900 勒克斯的室内环境下，不耐阴（阳性）观叶植物只摆放数天即开始枯黄落叶，如变叶木、彩叶草等。

光照不仅关系到观叶植物的生长发育，而且对叶片的大小、色泽和质地都有直接的影响。阳性观叶植物如变叶木、彩叶草等只有在充足的阳光下才能使叶色鲜艳夺目，而一些喜阴观叶植物在较弱的光照下才能生长良好，产生较高的观赏价值。在室内绿化装饰中应尽量选用耐阴性强的种类或品种，可以延长观赏时间，减少调换次数。

（三）对水分的要求

通常按观叶植物对水分的需要量及适应能力分为以下几种。

1. 湿生植物

这类观叶植物喜欢潮湿环境，适宜在土壤水分充足的环境中生存，甚至可以在水中生长，如龟背竹、绿萝、伞草等；而有些则喜欢空气湿度大，如西瓜皮椒草、秋海棠、天鹅绒竹芋等。

2. 中生植物

喜欢湿润环境，但忌水分过多，在土壤过分干燥或潮湿时均生长不良，大部分观叶植物属于此类。

3. 旱生植物

这类观叶植物喜欢干燥的环境，在土壤含水量少、空气湿度低的环境中生长良好，如景天科植物、仙人掌科植物及龙舌兰、虎尾兰、芦荟等。这类植物不需要经常浇水，如浇水过多，或空气湿度过大，反而会引起病害和烂根。

三、观叶植物的栽培管理

(一)越冬管理

观叶植物大部分原产于热带和南亚热带地区，耐寒性不强，因此，如何使观叶植物安全越冬，是栽培中一个极为重要的问题。在栽培技术方面，可以在晚秋施以较多的磷、钾肥，增强植物的抗寒能力。入冬后，应尽量使盆土保持略为干燥的状态，使植物的新陈代谢减慢，有利于越冬。此外，可采用套袋法、加温法等对畏寒的观叶植物进行人工保护。

(二)越夏管理

越夏是指植物度过夏季高温期的过程。由于夏季阳光强烈，温度高，空气干燥，对许多观叶植物特别是阴性观叶植物造成生理上的不适。强烈的阳光直射使植物发生灼伤、焦枯甚至全株死亡；高温使植物生长受阻或停止生长；干燥的空气使叶片干枯、叶尖枯焦。因此，需要采取以下措施：

1. 遮阴

除特别喜阳的观叶植物如彩叶草等种类外，绝大部分观叶植物在夏季应进行适当的遮阴。主要采用的遮阴材料有芦帘、竹帘、遮光网等。遮光网用尼龙制成，具有质地轻、清洁、无菌、操作方便等优点，遮光度有 50%、60%、70%等不同规格，可按植物需要任意选用。

2. 喷水降温

在炎热夏季，除早晚盆土需浇水外，白天可向空间和植株周围喷水数次，以降低气温和增加空气湿度，为观叶植物的生长创造适宜的小环境。室内摆放的观叶植物，可采用水碟法或水苔法维持植株附近的湿度。水碟法是将植株放置在盛水的盆碟上，植株用石子垫起,使之与水分离。水苔法是将植株放在较大的套盆内,周围和盆面用湿苔藓填充,使水分慢慢蒸发。

第四节 温室切花的栽培管理

一、温室花卉栽培的生产设施

(一)温 室

温室俗称暖房，是用有透光能力的材料覆盖屋面而形成的保护性生产设施。

1. 单屋面温室

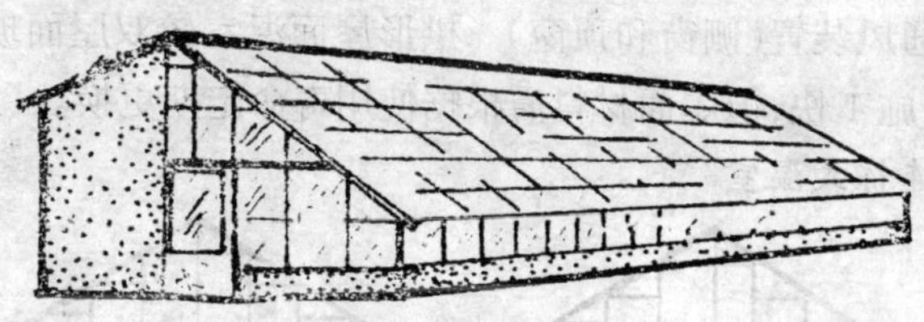

图 3.3 单屋面温室

单屋面温室构造简单,一般北面有高墙,玻璃屋面向南倾斜,能充分利用阳光,保温良好,但通风较差,光照不均匀,植物容易偏向生长(图 3.3)。节能日光温室是在我国北方形成并发展起来的一类特殊的单屋面温室,保温和透光性能均有了很大提高,可以在冬季不加温或基本不加温的情况下进行园林植物的生产。

2. 双屋面温室

双屋面温室又称全光温室。两面均为玻璃屋面,四壁除有矮墙外,全部是玻璃窗,光照与通风均良好,但保温性能差(图 3.4)。现多用塑料薄膜或无纺布在温室内部设置两层保温幕来防寒保温。

3. 等屋面温室

等屋面温室又称 1/2 式双面温室。屋脊两侧对称,屋顶及周围

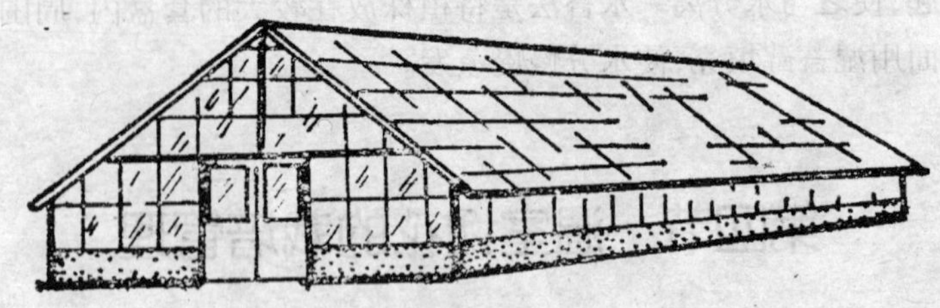

图 3.4 双屋面温室

立窗均能采光,宜南北纵列。这类温室采光与室温均匀,通风良好,可周年使用。

4. 拱形屋面温室

拱形屋面温室多用热镀锌钢材作骨架,屋面呈拱形,多用塑料薄膜或聚碳酸酯中空板覆盖,南北向延长,两侧或拱形屋面上设有活动的通风装置(侧窗和顶窗)。拱形屋面温室较双屋面玻璃温室造价低,施工快,但屋面材料需根据使用寿命定期更换。

5. 连栋式温室

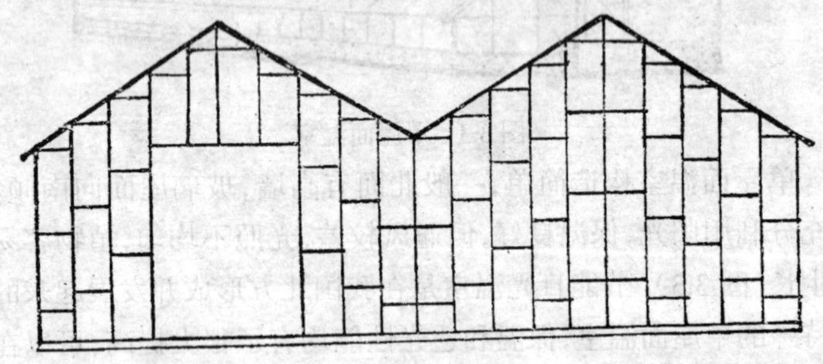

图 3.5 连栋式温室

连栋式温室由等屋面温室连接而成(图 3.5),适合作大面积地面栽植,保温良好,但通风较差。

(二)塑料棚

塑料棚是塑料薄膜覆盖的拱形棚的简称,是一种利用塑料薄膜覆盖的不加温的简易保护栽培设施。它与温室相比,具有结构简单、建造和拆装方便、一次性投资较少、运行费用较低等优点,因而在生产上得到越来越普遍的应用。但塑料棚的保温性能、抗自然灾害的能力、内部环境的调控能力均较差。

(三)塑料大棚

塑料大棚是花卉栽培上一项经济实用的设备，具有延长花卉的生长期、抵御自然灾害、保温保湿性能适合植物的要求等优点，故应用比较普遍。

1. 塑料大棚的结构

塑料大棚因生产的需要，有单栋独立建造的，也有两栋或两栋以上连栋建造的。连栋建造的称连栋大棚。单栋大棚室内环境容易控制，拆建容易，但管理操作受到一定限制。连栋大棚土地利用率高，管理操作更为方便。为便于内部环境控制，一般以3～5栋连接为宜。

常用的塑料大棚有竹或竹木结构、增强水泥结构和装配式镀锌钢管结构3种。

(1)竹木结构塑料大棚　常用的有悬梁吊柱式竹木大棚和小型竹结构大棚。悬梁吊柱式竹木大棚宽8～12米，高2～2.2米，长50～70米，其立柱通常用直杂木，拱架和纵向拉杆用细竹竿和毛竹片。悬梁吊柱式竹木大棚在三北地区及黄淮地区应用较多。小型竹结构大棚宽4～5米，高1.8～2.0米，长30～50米，棚内一般不设立柱。由于受到竹竿强度的限制，小型竹结构大棚不宜太宽和过高，否则牢度较差，易受大风、积雪的危害。

(2)增强水泥大棚　分为玻璃纤维增强水泥大棚和钢纤维增强水泥大棚2种。其棚宽6米，棚高2.5米，拱间距1米，棚长30～50米。

(3)装配式镀锌钢管大棚　基本结构与竹木结构相似，但无立柱，构架材料均由专门厂家生产。大面积使用较多的为GP系列、PGP系列及P系列。

2. 薄膜的覆盖

生产中，大棚多用普通聚氯乙烯或聚乙烯膜覆盖。盖膜方法分为4块薄膜拼接、3块薄膜拼接和1块薄膜满盖3种。

(四)荫　棚

荫棚为夏季露地园林植物栽培不可缺少的设施，具有避免阳光直射、降低室内温度、增加空气湿度、减少蒸发和蒸腾等作用。播种育苗、嫩枝扦插育苗和温室植物越夏栽培都需在荫棚内进行。

荫棚可分为永久性和临时性两类。永久性荫棚用于温室花卉的越夏栽培和室内观叶植物栽培；临时性荫棚多用于露地繁殖床和切花栽培。另外，荫棚还分为生产荫棚和展览荫棚，生产荫棚广泛用于温室花卉的生产，而展览荫棚是为展览耐阴植物而设置的。

温室花卉越夏荫棚大多为东西向延长，设在温室近旁、通风良好又不积水处。一般高2.5～3.0米，多用铁管或水泥柱构成。棚架上多用苇帘、竹帘或遮阳网覆盖，遮光率视栽培花卉种类而定。荫棚宽度一般为6～7米，过窄则遮阳效果不好。荫棚下的地面要铺陶粒、炉渣或粗砂，以利排水，下雨时也可免除泥水污染枝叶和花盆。

二、温室切花的栽培措施

(一)切花的分类

切花花卉通常是指供切取包括花朵在内的植物体的一部分，用于插花或制作花束、花篮、花圈等花卉装饰物的一类花卉。按所取材料不同分为3类。

1. 切花类

主要切取开花枝，如月季、菊花、香石竹、鹤望兰、非洲菊等。

2. 切叶类

多取常绿植物的叶片，如苏铁、散尾葵、天门冬等。

3. 切枝类

切取无花的枝条，在东方式插花中常用，如松枝、竹枝、常春藤等。

(二)切花的栽培

1. 土壤准备

(1)土壤消毒　土壤消毒对于保护地栽培切花来说，显得更重要。国外常采用蒸汽消毒，其优点是消毒彻底，时间短，只需要温度下降后即可种植；对附近植物无害，无残留物，能够改进土壤团粒结构，促进难溶性盐类的溶解，使土壤理化性质得以改善。蒸汽消毒一次性设施投入成本较高，国内很少采用。国内土壤消毒以药剂为主，常用福尔马林消毒。用市售的福尔马林（即 40%的甲醛）兑水配成 1∶50 或 1∶100 的溶液泼浇土壤，用量 25 千克／米²。泼浇后用薄膜覆盖 3～6 天，再晾 10～14 天，即可种植。福尔马林对眼睛具有刺激作用，操作时最好戴防风眼镜或用竹竿与浇水管扎在一起，人握竹竿的另一头，远离出水管口。用药剂处理后的土壤要多次翻耕，使土壤中残留的药剂充分散失、挥发，以免影响植物根系发育。除了用药剂消毒外，要充分利用空闲季节，让雨水充分淋洗土壤，或用水淹没土层，有利于减少病虫害和降低土壤盐分。

（2）作畦整地　作畦整地的目的在于改良土壤的物理结构，使其具有良好的通气和透水条件，有利于微生物的活动，从而加速有机肥料的分解和被吸收。同时，可以清除杂草，消灭病菌、虫卵等。

作畦方式依不同地区地势及切花种类不同而有差别。高畦用于南方多雨低平地区，畦面高出地面，便于排水，畦面两侧为排水沟；北方地区因雨水少常用低畦，畦面两侧畦埂高出，以保留雨水便于灌溉。畦条走向因光照条件多为南北向，而一些球根类往往采用东西向，更有利于根际覆土与日常管理。畦面宽度主要考虑栽培管理者能站在畦沟上进行农事操作，大棚栽培还要考虑冬季两层薄膜保暖的方便。

整地一般在倒茬后、定植前的空闲时间进行。耕翻的深度依切花种类不同而定，一二年生草花，因根系较浅，耕翻深度一般约 20 厘米；球根宿根类 30～40 厘米；栽种木本花卉，一般多挖穴或开沟种植，可根据苗木大小来确定挖穴开沟的深度。整地必须在土壤干湿适宜时进行，因为过湿破坏土壤结构，使其物理性质变化而形成硬块；过干则不易敲碎，费时费力。

2. 植株整枝

植株整枝是切花生产过程中技术性很强的措施，包括摘心、除芽、除蕾、修剪枝条等。通过整枝可以控制植株的高度，除去多余的枝条、花叶，改进通风透光条件，减少对养分的消耗，提高开花质量，也可作为控制花期或使植株第二次开花的技术措施。整枝不能孤立进行，必须根据植株本身的长势并与施肥灌水等其他管理措施配合进行，才能达到目的。

此外，还要注意一些切花需要支缚，即用网、竹竿等物支缚住切花，保证切花茎挺直、不弯曲、不倒伏。如香石竹、菊花等，生产上常用尼龙网格作为支撑物。当香石竹摘心后，侧枝开始生长，整个植株就张开，为避免外面的侧枝弯曲而妨碍开花，要提前张网，使茎正常发育。当苗高距畦面 15 厘米时，张第一层网，以后随着茎的生长而张第二、第三、第四、第五层网，网层之间相距 25 厘米。张网时需要每隔 3 米距离立一根桩子，用以缚扎尼龙网，使尼龙网绷紧不松弛。

3. 中耕除草

中耕除草可疏松表土，增加土壤的通透性，增加土温，减少水分蒸发，促进土壤中养分的分解，为切花生长和养分吸收创造良好的条件。在雨后或灌溉之后，即使没有杂草也要进行中耕。

幼苗期间，中耕应浅，随着苗的生长而逐渐加深；株行中间处中耕应深，近植株处应浅。当幼苗渐大，根系已扩大于株间时中耕应停止，否则根系易断，使生长受阻碍。

4. 灌溉与施肥

(1)灌溉　切花栽培的好坏，很大程度上取决于水分管理是否得当。灌溉是一项经常性的工作，所耗劳力较多，技术性较强，需要在实践中不断积累经验。灌溉需要灵活掌握以下原则：

①根据不同切花的特性用水。俗话说“干兰湿菊”，说明这两种植物对水分的要求不同。兰为阴性植物，空气湿度要高，而根际的湿度又不宜太大；菊花喜阳光，不耐干旱，要求土壤湿润而忌积水。由此可见，种花浇水需要看对象，只有掌握了花卉的特性，并给予适量灌溉，才能收到理想的效果。

②根据不同生育期用水。同一品种的切花在各个生长发育时期对水分的需求量是不同的。植株幼小时,水的消耗以土壤蒸发量为主,则浇水应不干不浇;植株生长繁茂时以植物吸水、蒸腾为主,则灌溉要次多量少;而壮苗期植株生长迅速,其生理活动对水分需求大,则要多浇水,浇足浇透;开花期要适当控制水分,以促进早开花和提高切花品质。

③注意水质、水温。灌溉最好用含矿物质少的雨水、河水、池水等,若使用自来水,需要放置 24 小时后使用。水的温度最好接近土壤温度。

④根据不同季节用水。春季雨水多,蒸腾耗水少,可少灌水;夏季温度高,要多灌水;立秋后应控制水分。在保护地栽培中,冬季两层薄膜内,湿度很大,往往错误地认为不必浇水,其实只是土壤的表层湿润,土壤的中下层比较干,若仅靠薄膜内汽化形成的雾滴水是不能满足根系需水量的,因此也应该适当浇水。如温室栽培的切花菊,冬季水分的消耗仅为夏季的 1/3,为春、秋季的 1/2。

⑤干透浇足。一般在土壤表土发白、地表 5～10 厘米处都干透了时再浇水,浇时则浇足,不宜半干半湿或过干过湿。浇水时最好用细水流,第一轮少浇些,浇到畦头再回到原处重复浇 1 次,使水慢慢渗透,可减少土壤板结,避免泥浆溅污叶片或浇湿花蕾等。

(2)施肥　根据切花对肥料的需要可分为多肥、中肥和少肥 3 种施肥方法。如香石竹、一品红需多肥,月季、郁金香需中肥,洋兰需少肥。通常生长季节每隔 7～10 天施 1 次肥。保护地施肥要按切花生长必需养分的最小限度来施用,可以减少盐类的集积。施肥时,选择副成分低、残留量少的肥料,如磷酸铵、硝酸铵、硝酸钾等;选择肥效长的肥料,如腐熟有机肥、缓效肥、混合肥等。

准确施肥还取决于气候、土壤以及管理水平。要掌握"薄肥勤施"原则,切忌施浓肥。

第五节 花卉常见病虫害及其防治

一、花卉病虫害的防治原则和措施

1. 原则

预防为主，综合防治。

2. 措施

主要有栽培技术防治、物理机械技术防治、植物检疫、生物防治、化学防治等措施。

二、主要病害及其防治

（一）白粉病

该病是月季的一种常见病害，能为害蔷薇属的多种花卉，另外也发生在紫薇、瓜叶菊等花卉上。

1. 症状

病害发生在叶片、嫩梢、花梗和花蕾上。主要特征是在感病部位的表面布满白色粉层。发病严重时，病叶皱缩不平，叶片向叶背卷曲，嫩梢向下弯曲或枯死，花蕾不能正常展开。

2. 发病原因

温室内光照不足，通风不良，空气湿度大，病害发生严重。氮肥施用过多，土壤中缺钙或过干的轻沙土，都有利于发病。

3. 防治方法

（1）栽培技术防治　加强栽培管理，注意土壤湿度，及时浇水；合理施肥，氮肥不宜过多，氮、磷、钾适当配合；控制温室内湿度，注意通风透光，减少发病条件。

（2）药剂防治　早春发芽前喷 3～4 波美度石硫合剂，可消灭在芽鳞内的越冬病菌；生长期发病可喷 70%的甲基托布津

1 000～1 500 倍液,或用粉锈宁 1 000～2 000 倍液喷洒。

(二)褐斑病

该病是菊花普遍而严重的一种病害,能为害早菊、晚菊、春白菊及雏菊。

1. 症状

该病从植株下部叶片首先发病,逐渐向上部叶片蔓延。叶片最初出现淡黄色的小点，最后扩展为黑褐色、圆形或不规则形的病斑,病斑与健康组织界线明显。叶片上相邻的病斑可连接成片,使叶片枯黄早落,或变黑、干枯,挂于茎上不脱落。

2. 发病原因

湿度大,通风不良,光照不足时发病严重。同一圃地进行连作的菊花发病严重。该病夏初开始发生,以秋季为害严重。

3. 防治方法

(1)清除病源　清除病株残体,圃地进行深翻,埋除病叶。盆栽菊花每年应换新土,减少病菌侵染来源。

(2)加强管理　注意通风,避免密植,控制水肥,减低小环境的湿度。采苗和分根时要选用无病母株,并注意选用当地的抗病品种。

(3)药剂防治　喷洒 0.5%～1%波尔多液,或喷洒 50%代森铵 1 000～1 500 倍液,或喷洒铜氨液。喷药前先摘除病叶,可以提高防治效果。

具体的防治方法详见本丛书中《初级植保工》分册。

三、主要虫害及其防治

(一)蚜　虫

蚜虫种类多,分布广,生活史复杂,繁殖量极大,为害多种植物。

1. 为害习性

它不但能刺吸为害植物,而且在植物上分泌蜜露,影响植物进行光合作用或阻碍植物的正常生理活动。同时也有利于病菌繁殖,使植物发生病害。它们每年 3 月开始活动,一直到 11 月份,为害高峰在4～5月。气温高、气候干燥的环境条件下发生率最高，持续时间长。

2. 防治方法

（1）消灭越冬虫源　清除附近杂草；冬季在寄主上喷洒5波美度的石硫合剂，消灭越冬卵。

（2）药剂防治　用氧化乐果800～1 000倍液喷洒，还可用速灭杀丁、敌杀死5 000倍液喷洒，锌硫磷1 000倍液也可。

（3）保护天敌　保护七星瓢虫、食蚜蝇及草蛉等。

（二）蛴　螬

蛴螬主要活动在土壤内，能为害多种花卉的幼苗及根茎，是重要的地下害虫。花圃经常发生蛴螬为害。

1. 为害习性

一般一年1代，以幼虫或成虫在土中越冬。翌年3～4月气温上升，土温回升到15℃以上时，蛴螬会爬到土表活动，为害植物根部。夏季多雨、土壤湿度大、厩肥施用较多的花圃地和盆花土中发生严重。

2. 防治方法

（1）消灭越冬虫源　冬季深翻花圃及花坛的土壤，可促使越冬虫体死亡。盆花可以倒盆清除虫体。

（2）药剂防治　为害期可于土壤浇施50%马拉松乳剂800～1 000倍液，或马拉硫磷800～1 000倍液，或25%辛硫磷及25%乙酰甲胺磷1 000倍液。

（三）介壳虫

介壳虫种类多，为害的植物种类也多。

1. 为害习性

一般介壳虫在每年的4～6月由卵孵化为第一代若虫，有的种类如桑白盾蚧、圆盾蚧还可发生第二代，时间在8～10月。

2. 防治方法

在卵孵化盛期施用氧化乐果800～1 000倍液或速灭杀丁、敌杀死 5 000 倍液防治。

具体的防治方法详见本丛书中《初级植保工》分册。

检测题

1. 温室可以分为哪几类？
2. 如何进行露地花卉的栽培管理？
3. 如何进行盆花的栽培管理？
4. 简述"上盆"和"换盆"的区别。
5. 花卉常见病害及其防治。
6. 花卉常见虫害及其防治。

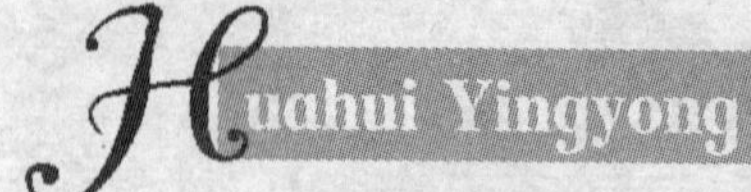

第四章　花卉应用

学习要求

1. 了解花坛的种类和用法。
2. 了解花境的概念及其与花坛的区别。
3. 掌握花坛花卉养护的基本措施和质量要求。
4. 掌握基本的室内花卉布置技术。

第一节　花　　坛

花坛是在一定几何形的种植床内，用不同色彩、体形的花卉组成不同图案，以发挥植物的群体美和色彩美的装饰效果布置方式。

一、花坛的种类

（一）依花坛布置方式的不同分类

1. 花丛花坛（集栽花坛）

花丛花坛设置和栽植较粗放，无严格的图案要求，但要求植株高低层次清楚、花期一致、色彩协调。一般以一二年生草花为主，适当配置一些盆花（图 4.1）。

图 4.1　花丛花坛

2. 模纹花坛（毛毡花坛、模样花坛）

图 4.2　模纹花坛

模纹花坛外形均是规则的几何图形，布置材料要求以色彩鲜艳的各种矮生性、多花性草花或观叶草本为主，要求植株的叶细小茂密、耐修剪、萌枝力强、整齐一致。如彩叶草、五色草、小叶黄杨、金叶女贞、红檵木、小叶女贞等(图 4.2)。

（二）依花坛之间关系的不同分类

1. 独立花坛

独立花坛作为园林局部构图的一个主体而独立存在，具有几何形轮廓。通常布置在建筑广场的中央,道路的交叉口。其平面外形为对称的几何形,有单面对称和多面对称之分,它的长轴与短轴的差异一般不大于1∶3。因其表现的内容主题及材料的不同,可以是花丛式、模纹式、混合式等花坛形式。

2. 花坛群

许多个花坛组成一个不可分割的构图整体,称为花坛群。其排列组合是规则的。单面对称的花坛群,是许多花坛对称排列在中轴线的两侧,这种花坛群的纵轴和横轴交叉中心,就是花坛群的构图中心。独立花坛可以做为花坛群的构图中心,水池、喷泉、纪念碑或装饰性的雕塑也常用做花坛群的构图中心。

花坛群宜布置在大面积的建筑广场中央,大型公共建筑的前方或是规则式园林的构图中心。花坛群内部的铺装场地及道路,是允许游人进入活动的,大规模的铺装花坛群内部还可以设置座椅、花架,以供游人休息。

3. 带状花坛

宽度在1米以上,长度比宽度大3倍以上的长形花坛,称为带状花坛。在连续风景构图中可作为主体来运用,也可作为观赏花坛的镶边,道路两侧、建筑物墙基的装饰。

(三)依花坛的空间位置分类

1. 平面花坛

平面花坛包括花丛花坛和模纹花坛,是使用最广泛的形式,适用于具有广阔空间的场所。平面花坛的高度基本与地平面一致。为了观赏和管理的方便,常常使花坛与地面呈30°以下的角度,这样既有利于排水,又有利于观赏花坛的整体。这类花坛多有边缘轮廓,且多采用规则的几何形状。

2. 斜面花坛

斜面花坛多为一面倾斜状,花坛的形状和面积依设置地点的实际情况而定。花坛的倾斜度不可过大,否则难以保持花坛的整体稳定感和持久性,遇雨或浇水时会造成对花坛的冲刷。如果摆放盆花，则花坛受坡度和地形的影响较地栽小，因而近年来应用相当普遍，特别是在景观条件较差的地段使用更为理想。

3. 台阶花坛

台阶花坛多设在楼前、大门台阶或人行街道的两侧，层层向上，有斜面与平面的交替，具有装饰性，色彩和姿态变化较多。

4. 高台花坛

为了突出花坛中心地位作用，可设置高于地面的花坛。具体形状、大小、高度依需表达的主题思想、周围景观和地形而定。有时为了分隔空间或为了隐蔽某些建筑物，或为了某种格调的需要，也常设置高台花坛。

5. 立体花坛

立体花坛又名“植物马赛克”，起源于欧洲，是运用不同特性的小灌木或草本植物，种植在二维或三维立体钢架上，创作出一尊尊惟妙惟肖的立体植雕作品。立体花坛作品表面的植物覆盖率至少达到 80%。因其千变的造型、多彩的植物包装，外加可以随意搬动，被誉为“城市活雕塑”（图 4.3）。

图 4.3　立体花坛（刘颖　摄）

二、花坛的种植设计要点

（1）花坛的种类、外形大小要与周围环境相协调。

（2）花坛的高度要利于观赏，利于排水。

(3)花坛的色彩不宜太多,以一种色彩为主,其他色彩作为对比、衬托。

(4)花坛的设计顺序一般为先内后外,先远后近。

三、花坛的施工与养护

(一)施　工

翻整土地—砌好边缘—定点放样—移栽苗木。要根据花坛面积的大小和苗木的株行距确定苗木的用量。

(二)花苗入坛的方式

花苗入坛有小苗入坛,现蕾苗入坛,盆栽苗入坛,球根、宿根花卉直接入坛等4种方式。

(三)养护管理内容

浇水、中耕、除草、换花补苗。

(四)花坛养护管理的标准(五级)要求

(1)花卉长势良好,体现花坛设计要求,造型优美。

(2)在花坛开花期间,每周剪残枝、残花5～7次,保持清晰的图案和适宜的高度。

(3)宿根花卉管理及时,花期长,花色正,缺株率在8%以下。

(4)有轻微病虫害及人为损害,处理后对花卉生长影响小;泥面不开裂,花木不缺水。

(5)叶色、大小正常,无非正常叶、黄叶,株形丰满、整齐,姿态匀称优美。

四、常用花坛花卉

(1)春季　三色堇、金盏菊、雏菊、瓜叶菊、天竺葵、桂竹香等。

(2)夏季　石竹、凤仙花、半枝莲、百日草等。

(3)秋季　一串红、鸡冠花等。

(4)冬季　羽衣甘蓝、红甜菜等。

第二节　花　境

花境是以树丛、树群、绿篱、矮墙或建筑物等作背景的带状自然式花卉布置，是根据自然风景中林缘野生花卉自然分散生长的规律,加以艺术提炼而用于园林景观中的一种方式(图 4.4)。

图 4.4　花境

花境配置较粗放,也不要求花期一致;构图既协调又完整,一年中有季相变化;一般以花期长、花色艳、管理粗放的宿根花卉为主。种植设计要点:长度、高度、色彩与四周环境相协调;注意不同生长季节的变化,深根系和浅根系的搭配;注意使相邻的花卉在生长强弱和繁衍速度方面相近。

第三节　盆　花

盆花可布置会场,用于花展,能装饰厅堂、居室;重大节日布置在街道、广场,能增添欢庆的气氛。

一、盆花的分类

盆花的分类依据较多，有盆花的高度、形态、对光照的要求等。

（一）依盆花高度（包括花盆高度）分类

（1）特大型盆花　高度在200厘米以上。

（2）大型盆花　高度在130～200厘米之间。

（3）中型盆花　高度在50～129厘米之间。

（4）小型盆花　高度在20～49厘米之间。

（5）特小型盆花　高度在20厘米以下。

（二）依盆花形态分类

1. 直立型盆花

植株生长向上伸展，大多数盆花属于此类。如香龙血树（巴西铁、巴西木）、朱蕉、仙客来、四季秋海棠等，是环境布置中的主体材料。

2. 匍匐型盆花

植株向四周匍匐生长，有的种类在节处着地生根。如吊竹梅、白花紫露草、吊兰、天门冬等，它们是覆盖地面或垂吊观赏的良好材料。

3. 攀缘型盆花

植株具攀缘性或缠绕性，可借他物向上攀升，如文竹、三角花、绿萝、常春藤、海金沙等，可用于美化墙面、窗台、阳台或棚架，并可作各种造型。

（三）依盆花对光照的要求分类

1. 要求充足光照的盆花

这类盆花适宜露地花卉布置应用，若用于室内，只可短期观赏（3～10天），如天门冬等盆花。

2. 要求室内阳光充足的盆花

如三角花、一品红、瓜叶菊、变叶木、仙客来、天竺葵等盆花，可在室内摆放10～15天，注意及时更换。

3. 要求室内明亮而有部分直射光线的盆花

如南洋杉、印度橡皮树、朱蕉、秋海棠、兰花等盆花，可陈设 30 天左右，冬季可延长 1～2 个月。

4. 耐阴的盆花

如苏铁、广东万年青、散尾葵、南天竹、凤梨类、竹芋类、蕨类植物、八角金盘、棕竹、龟背竹、一叶兰、君子兰等盆花，可在室内明亮但无直射光线下摆放 30 天，冬季可延长 1～2 个月。

二、盆花应具备的条件

(1)花期长，花朵鲜艳夺目或有香气，具有较高的观赏价值。

(2)在盆栽条件下，能正常生长发育。

(3)有一定特殊寓意的更好，如富贵竹、发财树等。

三、盆花的摆放原则

石竹、一串红、金盏菊、大丽花、荷花等可布置室外景点。石榴、梅花、桃花、大丽花、朱顶红等阳性花，用于短期(7～10 天)会场布置。文竹、吊兰、君子兰、蕨类、南天竹、杜鹃、罗汉松、橡皮树、茶花等阴性花卉或半阴性花卉，可作长期室内用花布置。小型的观叶花卉可美化居室。

四、盆花的管理

注意浇水、换盆、根外追肥，保持植株清洁，及时换花(见本书第三章第二节)。

第四节　切　　花

从植物体上剪切下来的具有观赏价值的花、叶、果、枝，称切花。

一、常见切花

四大切花：菊花、月季、康乃馨、唐菖蒲。

流行切花：非洲菊、百合、马蹄莲、小苍兰、满天星、郁金香。

高档切花：鹤望兰、火鹤花、一品红（出花少、环境要求高、观赏价值高）。

其他：晚香玉、鸢尾、风信子、矢车菊、金鱼草、梅花、蜡梅。

配叶：富贵竹、天门冬、伞草、肾蕨、苏铁、棕榈、南天竹、文竹。

二、切花的用途

用切花可制作插花、花篮、花束、花圈、花环等，能美化人们的生活。

第五节　插花艺术

一、插花的基本知识

（一）概　念

插花即是将植物体上的花、枝、叶、果等剪切下来，以一定的技法为基础，配合生活的场合、时间及用途等，并按照艺术的构图原则和色彩搭配进行设计后，将其插在能盛水的容器中或能保水的基质上，组成一件既有一定内在思想情愫，又能充分展示花的自然美的外观形式的艺术品。这样一种以花为主体的艺术设计制作过程，也称为插花。

（二）类　型

根据插花的用途大体上可将其归为两类：即礼仪插花和艺术插花。根据所用花材的不同可分为鲜花插花、干花插花、人造花插花及混合式插花。根据插花的艺术风格可分为东方式插花、西方式插花以及现代自由式插花等。

(三)东西方插花艺术的特点

东方式插花主要是重视意境和思想内涵的表达。作品以线条造型为主,追求线条美;在构图上崇尚自然,采用不对称式构图法则,讲究意境美;注重花材的人格化意义,赋予作品以深刻的思想内涵;色彩上以清淡、素雅、单纯为主,提倡轻描淡写;表现手法上多以 3 个主枝作为骨架(图 4.5)。

西方式插花主要讲究装饰效果,不过分强调思想内涵。作品讲究几何图案造型,追求群体的表现力;构图上多采用均衡、对称的手法,表达稳定、规整,体现人为力量的美;追求丰富、艳丽的色彩;表现手法上常使用多种花材进行色块的组合(图 4.6)。

图 4.5 东方式插花

图 4.6 西方式插花

二、插花的基本技法

(一)花材的选择

并不是只有植物的花朵才能用于插花,植物的所有器官,只要具备观赏价值,且能水养长久保持或本身较干燥不需水养也能观赏较长时间,都可以剪切下来用于插花,如根、茎、叶、花、果等。根据形状,可以把花材分成以下 4 类。

1. 线状花材

枝、叶或花序的形状直立修长或呈柔和的流线型,叶、芽及花共沿茎秆或花葶分布,如银芽柳、水葱、迎春、唐菖蒲、飞燕草等。这类花材可以确立作品的大小比例、外形轮廓及构图。

2. 块状花材

花形或叶形固定而厚实,形成一独立的色块效果,如菊花、月季、香石竹、芍药等。这类花材在作品中常被用在焦点的附近,往往是作品的主体花材,且对作品的重心及均衡起着重要作用。

3. 特形花材

顾名思义,即具有独特的形状,如鹤望兰、火鹤、马蹄莲等。这类花材因其造型独特,本身就具有极强的吸引力,因此往往被用作焦点花,放置在作品的焦点位置。很多作品的立意及主题思想都是通过特形花来表现的。

4. 填充花材

枝茎多而纤细,花叶细碎,或疏朗或繁密,如霞草、情人草、一枝黄花等。这类花材不是作品的主体材料,而是起到填充空间以及遮挡花泥、花插等非植物材料的作用,有时也通过填充花材的衬托突出焦点花和主体花。

(二)花材的保鲜处理

为了能尽量延长插花作品的观赏期,除了在选择花材时要尽量新鲜之外,插之前还可以对花材作一些较为简单的处理。处理方法主要有物理处理法和化学处理法。

1. 物理处理法

(1)深水浸泡法　买回的花材剪去旧的切口,插入水桶或其他深的容器中,加水至花头露在外面。这种方法的原理是依赖高水位的压力促使花枝吸水。

(2)斜剪切口或末端击碎法　此法可以增大吸水面积,从而加快吸水速度。

(3)水中切取法　买回的花材应在水中将原切口之上3厘米

左右剪掉，插入新鲜水中，利用新切口充分吸水。水中剪切是为了防止花枝导管被空气柱阻断，吸不上水而导致萎蔫。

(4) 开水浸烫法　操作时将花枝上部的叶及花头用报纸包裹起来，将茎端 2～3 厘米浸入 80～100 ℃水中约 40 秒，取出立即放入冷水中浸凉。此法可杀死有害的微生物并加速吸水。

(5)灼烧法　此法主要适用于多乳汁和多浆的木本花卉，但在处理时也要注意不要烧着枝叶和花朵。

(6)注水法　一些茎部导管较大的植物材料及水生花卉，可用注射器把水从茎端注入茎内，帮助吸水，而且此法还能排除茎中的空气柱。

2. 化学处理法

(1)加入蔗糖或葡萄糖　在水中加入约 2%的蔗糖，能补充花枝营养成分的消耗，有利于延长其寿命。

(2)加入维生素类　维生素类是植物的生长调节物质，在花器中加入一二片维生素 C 或 B 也有利于花枝延长寿命。

(3)加入少量醋酸或白醋　能降低 pH 值，抑制细菌的繁殖。实践证明，低的 pH 值有利于延长切花的寿命。

(4)加入 0.1%～0.5%的明矾　可延长鲜花寿命，并有利于保持鲜艳的花色。

三、插花艺术的构图

(一)插花的构图类型

1. 对称式构图

作品有明显的几何中轴线，轴线两侧的图形对应相等。这类构图平衡、稳定，外形简洁、明确，是西方插花的传统构图形式，也是现代礼仪插花中多采用的构图。常见的构图形式有：三角形构图、椭圆形构图、半球形构图、扇面形构图、锥形构图、塔形构图、倒 T 形构图。

2. 不对称式构图

构图没有明显的几何中轴线，长短参差，高低错落，或曲或直，俯仰相宜。这类插花以东方式的线条构图为主，也有西方式的大堆头—线条混合插法。常见的构图形式有：直立式构图、开展式构图、倾斜式构图、下垂式构图、S形构图、新月形构图、L形构图、平行式构图、写景式构图。

(二)插花的构图法则

1. 高低错落

花朵的位置要高低、前后错开，忌插在同一横线或直线上。

2. 疏密有致

每朵花、每片叶都有观赏效果或构图效果，过密嫌繁杂，过疏显单调。

3. 虚实结合

花为实，叶为虚，有花无叶欠陪衬，有叶无花缺实体。

4. 仰俯响应

上下左右的花朵枝叶要围绕中心顾盼呼应，既反映作品的整体性，又保持作品的均衡感。

5. 上轻下重

花蕾在上，盛花在下；浅色在上，深色在下。

6. 上散下聚

花朵枝叶的基部聚拢似同生一根，上部疏散，多姿多态。

(三)插花中各种尺寸的确定

决定一个插花作品的尺寸基本上是按照以下步骤进行：①根据作品摆放的环境大小确定作品的整体尺寸；②根据作品的整体尺寸确定容器的大小；③根据容器的大小确定主枝的长/高度。具体为：

第一主枝长/高度=(容器口径+容器高度)×系数(1.5~2)

第二主枝长/高度=第一主枝长/高度×系数(3/4~2/3)

第三主枝长/高度=第二主枝长/高度×系数(3/4~2/3)

以上这些尺寸和比例都是根据人们的审美习惯而确定的，它与世界上最优美的比例——黄金分割比例相近似，是最符合人的审美感觉的比例。但这种比例也不是决不可以改变的，有时由于环境、视距等的特殊限制或要求，也可以突破这个比例。

第六节　室内花卉布置

一、室内植物的布置原则

(一)整体要和谐

根据室内其他陈设物的数量、色彩等情况，进行全面考虑，做到合理布局。如果是多方位、多层次的空间绿化装饰，还必须使每一个单一的空间，统一在整体布局之中，避免在各个布局中，出现同类植物或等量的重复，以形成一个富有变化的自然景观，使人感到有节奏和韵律感。

(二)主次要分明

在同一方位内的空间，要有主景和配景之分。主景是装饰布置的核心，必须突出，在数量大小上要占相当优势，而且要有艺术魅力，能吸引人，给人留下难忘的印象。配景是从属部分，有别于主景，但又必须与主景相协调。

(三)中心要突出

主景在选材上通常是选用形态奇特、姿色优美、色彩绚丽、体形大、有别于常见花卉的品种，以加强主景的中心效果。在一个建筑单元内，有卧室、厨房、卫生间及会客室等许多空间，重点装饰会客室，以展示主人的风貌，并反映其文化素养，也可谓之突出中心。在机关大楼突出装饰门厅及会议室，以代表单位的精神面貌，这都是突出重点的方式。

（四）比例要适度

室内空间高度、宽度及室内陈设物的多少及体积决定了所选择植物的数量及大小。大空间装饰小植物，就无法显示出气氛，也很不协调；小空间装饰大植物，产生一种压迫感和窒息感，缺乏整体感。因此，装饰布置时要根据室内建筑空间的大小、形状选择相应尺度的植物种类，使其彼此之间的比例恰当。

（五）色彩要协调

植物色彩要按室内色彩的设计意图，从整体上综合考虑。其基本原则是上浅下深，根据色彩重量感，使环境造成一种安定、稳定的感觉。色彩的运用应以协调统一为主，通常采用类似色彩的组合，或者用相同明暗的不同色彩的组合。

二、室内植物的应用形式

（一）直立或盆栽

将盆栽花卉单盆布置在角隅、沙发旁地面上，或摆放在花架、书橱等上面，以欣赏花卉的个体美。也可用立体花架或活动花架摆放，这种形式可以随意调整盆花位置，使室内空间层次结构经常变化，给人以新鲜感。

（二）悬垂式

利用金属、塑料、竹、木或藤制的吊盆或吊篮，栽入一些枝叶悬垂的植物，悬吊于窗口、顶棚或依墙依柱而挂，枝叶婆娑，线条多变，以美化空间氛围。

（三）镶嵌式

在墙壁及柱面适宜的位置，镶嵌上特制的半圆形盆、瓶、篮等造型别致的容器，栽上一些别具特色的观赏植物；或在墙壁上设计制作不同形状的洞柜，摆放或栽植下垂或横生的观叶植物，形成生动活泼的壁画效果。

(四)组合式

将几种生态习性相近的观叶花卉栽植在一个容器中，成为组合盆栽，以欣赏花卉的群体美。

(五)瓶栽式

在各种大小、形状不同的玻璃瓶、金鱼缸、水族箱内种植各种矮小植物以供观赏，装饰室内。通常的栽培方法有袖珍花园、玻璃瓶花园等。

(六)图腾柱式栽培

将藤本植物缠绕在一根柱子上的栽培形式即图腾柱式栽培。一些具有气根的室内花卉，如龟背竹、喜林芋、绿萝、合果芋等均适宜作柱式栽培。

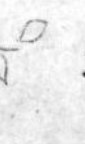

检测题

1. 什么叫花坛？什么叫花境？什么叫切花？
2. 按布置方式分，花坛可分为哪两种？各有何特点？
3. 简述花境的特点。
4. 花苗入坛的方式有哪些？
5. 简述花坛养护管理的标准(五级)要求。
6. 根据艺术风格可将插花分为哪几类？

参考文献

陈俊愉,程绪珂,主编. 2003.中国花经[M]. 上海:上海文化出版社.

古润泽,主编. 2006. 初级花卉工培训考试教程[M]. 北京:中国林业出版社.

古润泽,主编. 2006. 中级花卉工培训考试教程[M]. 北京:中国林业出版社.

劳动和社会保障部教材办公室,组织编写. 2006. 花卉工(初级)[M]. 北京:中国劳动社会保障出版社.

劳动和社会保障部教材办公室,组织编写. 2006. 花卉工(中级)[M]. 北京:中国劳动社会保障出版社.

苏州市园林技工学校. 1986. 花卉基础理论知识[M]. 北京:中国环境科学出版社.

中华人民共和国建设部. 2000. 中华人民共和国建设部职业技能岗位标准 职业技能岗位鉴定规范,职业技能岗位鉴定试题库:花卉工[M]. 北京:中国建筑工业出版社.